每一个有梦的人,
都要耐得住
沉默的时光

兰晓华 著

国家一级出版社 中国纺织出版社 全国百佳图书出版单位

内容提要

我们都曾有自己的梦想，然而，我们总是付出很多、失败更多，甚至忍受了孤独寂寞，但是，我们却仍然拼尽全力，因为你想到达明天，此刻就不要停下脚步。

本书是对成功者人生经验的总结，更是对每一个为梦想奋斗的人的忠告。阅读本书，能助我们消除沉默时光中的负面情绪、调节心理状态，让我们重获力量。总有一天，行动会证明，你流过的血泪，都会成为你的骄傲。

图书在版编目（CIP）数据

每一个有梦的人，都要耐得住沉默的时光／兰晓华著.--北京：中国纺织出版社，2018.8
ISBN 978-7-5180-5193-9

Ⅰ.①每… Ⅱ.①兰… Ⅲ.①成功心理—通俗读物 Ⅳ.①B848.4-49

中国版本图书馆CIP数据核字（2018）第141067号

责任编辑：闫　星　　特约编辑：李　杨　　责任印制：储志伟

中国纺织出版社出版发行
地址：北京市朝阳区百子湾东里A407号楼　邮政编码：100124
销售电话：010-67004422　传真：010-87155801
http://www.c-textilep.com
E-mail: faxing@c-textilep.com
中国纺织出版社天猫旗舰店
官方微博http://weibo.com/2119887771
三河市延风印装有限公司印刷　各地新华书店经销
2018年8月第1版第1次印刷
开本：880×1230　1/32　印张：6.5
字数：181千字　定价：39.80元

凡购本书，如有缺页、倒页、脱页，由本社图书营销中心调换

前言
preface

  曾几何时，当你结束了忙碌的工作或学习，你是否静下心来，想起藏于心中的梦想？孩提年代，当我们被老师布置作文——《我的梦想》时，你是否曾热血沸腾，对于未来自己想从事的职业充满向往？这就是梦想的力量。梦想犹如灯塔，能指导我们的行动，指引我们前行。事实上，人的一生，能找到自己喜欢的事情是幸运的。做自己喜欢的事，才会生活得有趣，可能成为一个有意思的人。当你能不计功利地全身心做一件事情时，你所感受到的愉悦和成就其实就是最大的收获，你会是开心的、满足的，才会生活得更美好。

  每个人的心中，都心存梦想，都有自己向往的生活。然而，人生就像马拉松赛跑，只有坚持到终点的人才有可能成为真正的胜利者。著名航海家哥伦布在他的航海日记中总是写着这样一句话"我们继续前进"。这话看似平凡，但却告诉了所有正在为目标奋斗的人一个道理：达成目标需要无比的信心和意志力。在这个过程中，你只有坚守内心的目标，付出艰辛的劳动，才会实现蜕变、获得成功。

  在人生的道路上，我们常常会遭受不同的挫折与困难，面对挫折，人们有着不同的理解，有人说挫折是人生道路上的绊脚石，有人却说挫折是人生道路上的垫脚石。与河流一样，人生也需要经历洗练才更美丽，经过枯燥与痛苦才能收获成功的果实。有本书上曾经这样说："能够忍受孤独的，是低段位选手；能够享受孤独的，才是高段位选手。"诚哉斯言！不同的人生态度，成就了不同的人生高度。忍耐正是一种崇高的人生境界，古人作的"百忍歌"中有这样的句子"忍得淡泊养精神，忍得勤劳可余积，忍得语言免事非，忍得争斗消仇冤"。

我们可以说，人生不可能是一帆风顺的，总会有这样或那样的挫折与困难，任何一个成功的人，都有一段沉默的时光，而忍耐枯燥与痛苦是成功的必经之路。在这个过程中，就需要我们去忍耐这个战胜挫折过程中的枯燥与痛苦，甚至是失败。这一切都需要忍耐，如果没有坚强的意志力，就难以忍受，就不能获得成功。如果你想赢得成功，就不得不忍耐这路程中的枯燥与痛苦、失败与辛酸，在忍耐之后继续奋斗，这样你才有力气走到最后，才能走向通往成功的路途。

然而，你是否觉得急需一个导师来重新规划自己的人生？是否需要一针强心剂来振奋你的心？本书就是给人力量、促人奋斗的正能量。本书犹如一位智者娓娓道来，帮助你在灯红酒绿的社会中找到自己的位置、唤醒自己的梦想，更是你在为梦想奋斗过程中的精神导师，让你不再患得患失、处心积虑，看完本书，你会获得力量，为自己热爱的事业孜孜不倦地奋斗，最终驾驭自己的人生，实现自己的人生价值！

编著者
2018年2月

目 录
contents

第1章 美好的结果，需要经历至死不渝的坚守

慢吞吞的蜗牛，因为坚守也会成功……002
置于悬崖，更要绽放生命的精彩……005
失败了又如何，再试一次就好……007
谁的成功都不会手到擒来……010
重压之下，成功不远……013
总有一天，你会变得很棒……016
现在的贫困，是为将来奋斗的动力……019

第2章 成功的门是虚掩着的，需要你用雄心叩开它

路，一直延伸到思想的尽头……024
敢为人先，找到属于自己的成功路……027
起点低，同样能成功……030
眼光长远，别只看到眼前的蝇头小利……033
心中有梦，不怕眼前的苦与累……036
没有不可能，只有不想做……038
勇敢地走心中向往的那条路……041

第3章 用实力丰盈生命，让优秀成为骨子里的习惯

把优秀当成一种习惯来培养……046

读一切好书，丰盈自己的心灵·····049
你学到的知识越多，成功的希望就越大·····052
每天进步一点点，总会摘取成功的果实·····055
学无止境，任何时候别放弃学习·····058
与时俱进，要提高思维变通能力·····061

第4章 沉默不是原地踏步，有目标才能向美好未来迈进

心中有方向，脚下才有路·····066
做梦和梦想，你选择哪一个·····069
现在就开始规划未来的幸福生活吧·····072
有些路太难走，是因为你没有找到捷径·····075
好高骛远，不如脚踏实地·····078
规划清晰，成功才会多一分胜算·····081
走真正适合你的路，或许就能成功·····084

第5章 心中有希望的种子，方可守住生命中的那盏心灯

心中有梦想，也要为梦想而改变·····090
信念具有无坚不摧的力量·····093
摆脱自卑，是人生的第一课·····094
绝处逢生，绝境之中总是蕴藏希望·····097
苦难能吞噬弱者，更能造就强者·····099
艰难困苦对每个人都一样公平·····102

第6章 再等一等，你想要的都会及时到来

甘于寂寞，在寂寞中前行·····106
等待属于自己的那一刻·····109
努力就好，其他的都交给时间·····112
埋进土里的种子，才有可能长成参天大树·····115
从容不迫，随遇而安·····118
专心致志，然后全力以赴·····121

学会放下，才能向上 ································124

第7章　坚守你的灵魂，别被欲望左右
　　别让自己败给了自己的贪婪 ·····················128
　　欲望无止境，别让它越界 ························131
　　别成为一个眼里只有钱的人 ·····················133
　　善于自律，成功要经得住诱惑 ··················136
　　坚守内心的梦想，不在名利中沉沦 ············140
　　正确的人生态度才能引领你走向成功和辉煌 ·····142

第8章　克制自己，才能成就将来更美好的你
　　敢于走自己的路，世界都会为你让路 ·········146
　　把持自我，让思维具备远见性 ··················149
　　专注于手头事，别被外界事物干扰 ············152
　　培养自控力的第一步，是管住你的"嘴"·····155
　　有自己的看法，你的大脑不能被人主宰 ·····158
　　多一份忍耐，少一份享乐 ························161

第9章　我们的敌人往往不是苦难，而是不肯吃苦的自己
　　活在哀怨的苦难中，不如努力向前 ············166
　　想成功，就对自己狠一把 ························168
　　不狠心，那些恶习怎么能改掉 ··················170
　　千万别做"扶不起的阿斗"······················173
　　再忍忍，咬咬牙就能过去 ························176
　　战胜自己的人，才配得到上天的奖赏 ·········179

第10章　在专注中积蓄力量，专注是最美丽的坚守
　　没有谁能夺走你的梦想 ····························184
　　让专注力提升的练习方法 ························186
　　"意外状态"下如何控制自己的专注思维和心理 ·····189

尝试着去热爱，就能够更专注 ················ 192
专注更要坚持，付出不亚于任何人的努力 ·········· 194
坚守内心目标，绝不放弃 ···················· 196

参考文献 // 199

 第 1 章

美好的结果，需要经历至死不渝的坚守

　　生活中，我们每个人都怀揣梦想，但是为什么有些人能攫取成功的果实，有些人却只能甘于平庸？许多人没有走出属于自己的成功，是因为他们没有耐心找准方向坚持走下去，直到眼前出现新的洞天。追求梦想的过程中，虽然我们经常会遇到挑战、压力甚至是困境，它会让你身心疲惫，但这些磨难也会让人的意志变得更加坚强、性格更加成熟、能力更加提高，从而最终获得成功。因此，从现在起，正视困境，只有将压力变为动力，才能在时间的无涯荒野里种下自己的理想之树，随着生命的律动，春华秋实。

慢吞吞的蜗牛，因为坚守也会成功

生活中，我们每个人都有梦，当我们还在孩提时代时，就在编织着属于自己的梦。梦想，就像我们人生的航标，黑暗中指引我们前进的明灯。但追求梦想的过程是艰辛的，有的人甚至用一生来完成一个梦，无论如何，只要我们坚持梦想，不轻易放弃，即便是慢吞吞的蜗牛也能成功。所以，任何一个还在追梦路上的人，都别担心，只要你有梦想，即使走得慢一点也会拥抱成功。伟大的发明家爱迪生就是一个从不言败的人。

他曾经长时间专注于一项发明。对此，一位记者不解地问："爱迪生先生，到目前为止，你已经失败了一万次，您是怎么想的？"

爱迪生回答说："年轻人，我不得不更正一下你的观点，我并不是失败了一万次，而是发现了一万种行不通的方法。"

发明电灯时，他也尝试了一万四千种方法，尽管这些方法都行不通，但他没有放弃，而是一直做下去，直到发现了一种可行的方法。他证实了大射手与小射手之间的唯一差别：大射手只是一位继续射击的小射手。

事实证明，任何一个取得成功的人，都是因为他付出了超乎常人的努力。一个人要想获得人生的幸福，那么每一天都应该勤奋工作。付出不亚于任何人的努力是一个长期的过程，只要坚持就一定能够获得不可思议的成就。

小李是个很勤奋的小伙子，在获得企业管理硕士学位后，就开始在一家国际性的生物科技公司工作，因为学历背景好，刚进公司，就被安排了管理层的职位上，这当然会让很多资深的老员工不满意，尤其是那些和他年纪相当的小伙子，因为他们还在基层摸爬滚打，为了服众，小李请求也从基层做起，这令上司很欣赏。

然而，小李并不聪明，甚至是笨拙的，在很多业务问题上，他总是做得很慢。为此，他的上司也开始为他着急："抓紧点儿，小李，动作快一些！"

然而，小李的速度似乎还是那么慢条斯理，永远都不着急。看到小李蜗牛般的速度，同事们开始不满，并用各种语言嘲笑他："如果小李去当快递员的话，我们永远别指望收到东西了。"

即使他们这样说，小李也没有生气，也没有说任何话，而是依然按照自己的进度工作、学习。

转眼，小李来公司已经半年了。此时，公司决定举行一场专业知识和业务能力考试，而第一名将会被选拔为公司的储备干部。

令大家奇怪的是，平时少言寡语、工作速度缓慢的小李却一举夺得了第一名，此时，同事们才明白，做得多才是成功的硬道理。

案例中的小李是个争气的职场新人，他做事慢条斯理、不急不慢，好像一只慢吞吞的蜗牛，他看似愚笨，甚至被同事嘲笑，但他专心做自己的事，最终，用行动证明了自己才是最优秀的，这是一种值得每个渴望成功的人学习的精神。

当今社会是一个快节奏的社会，凡事讲究效率，在城市的高楼大厦中，人们都希望在最快的时间内取得事业的成功。然而，任何目标的完成绝不是一蹴而就的，更别说梦想的实现，更需要我们付出努力，坚持到底，做到干一行爱一行，才能在该领域取得成就。

在日本的一家小型工厂里，有一位工人，他并没有什么学历，但总是勤勤恳恳地工作。

上司告诉他："这件事需要这么做。"那么，他就会这样做，假如上司让他那样做，他就会选择另一种方式。他的话并不多，但只要是上司说的，他都会用心记下来，他总是埋头做自己的事，双手沾满油污，既无牢骚，也毫无怨言，而是孜孜不倦地完成枯燥的工作。

就这样，一晃二十几年过去了，当离职的老上司来工厂看他时，居然吃了一惊，当初这位员工是多么默默无闻，他只是踏踏实实从事单纯枯燥的工作，现在居然成了工厂的经营部部长，令他惊奇的不仅是他的职位，而是言谈中他体会到，这位工人已经是一个颇有人格魅力且很有见识的优秀领导。"取得今天这样的成就，你很棒！"

案例中的工人看上去毫不起眼，只是认认真真、孜孜不倦、持续努力地工作。但正是这种坚持，使他从平凡变成了非凡，这就是坚持的力量，是踏实认真、不骄不躁、不懈努力的结果。

现实生活中，我们发现，有这样一些人，他们似乎总是心浮气躁，他们有太多的空想，他们要么同时对很多事都感兴趣，要么当手头事出现阻碍时就转移目标，但是，任何目标的实现，正像许多人所做的那样，不仅需要耐心的等待，还需要坚持不懈的奋斗和百折不挠的拼搏。切实可行的目标一旦确立，就必须迅速付诸实施，并且不可发生丝毫动摇。

为此，我们需要明白一个道理：慢吞吞的蜗牛也能取得成功，切忌心浮气躁。不要有太多的空想，而要专注于眼前的工作。阿雷·谢富尔曾指出："在生活中，唯有精神的肉体的劳动才能结出丰硕的果实。奋斗、奋斗、再奋斗，这就是生活，唯有如此，也才能实现自身的价值。我可以自豪地说，还没有什么东西曾使我丧失信心和勇气。一般说来，一个人如果具有强健的体魄和高尚的目标，那么他一定能实现自己的心愿。"

通常来讲，越是有所追求、越是想干点事的人可能遇到的烦恼和痛苦就越多，凡事达观一点，看开一点，相信自己，终会心想事成。

所以，对于你所追求的目标，不妨多给自己一段时间，慢慢来，你最终也会收获颇丰！

置于悬崖，更要绽放生命的精彩

有人说，只有一条路可走的人往往最容易成功。也许你会产生疑问：这是为什么？因为别无选择，所以才会倾尽全力朝目标冲刺。有时只有斩断自己的退路，才能把不可能变成可能。美国杰出的心理学家詹姆斯的研究表明：一个没有受逼迫和激励的人仅能发挥出潜能的20%~30%，而当他受到逼迫和激励时，其能力可以发挥80%~90%。许多有识之士不但在逆境中敢于背水一战，即使在一帆风顺时，也用切断后路的强烈刺激，使自己在通向成功的路上立起一块块胜利的路标。

人在绝境或没有退路的时候，最容易产生爆发力，展示出非凡的潜能。为此，每个怀揣梦想的人，即使你已经置于悬崖，即使你已经处于最恶劣、最不利的情况下，你也要保持必胜的决心，用强烈的刺激唤起那敢于超越一切的潜能。

汤姆·克鲁斯出身贫寒，在他12岁时，他的父母离异了，他同自己的五个姐妹被判给了母亲。

在很长的一段时间内，克鲁斯患有阅读障碍症，以至于他学习起来总是很吃力。后来，他被送到了专为那些智力不足的孩子开设的"特教班"学习。因此，他很自卑，常常低着头，沉默寡言。

进入中学后，他发现自己很喜欢电影，于是开始尝试演一些戏剧，然而，他获得的评价却是"热情得过了头"。

1981年，克鲁斯来到洛杉矶，开始参与群演，他获得的第一个角色是一部情景剧中的一个小配角。到了1983年，他主演了4部电影，由于故事情节不佳和表演的稚嫩，这些影片非常失败。

在遭到了这么多的挫折之后，克鲁斯开始思考自身的不足，然后一步步克服和改进。1986年的《壮志凌云》中，克鲁斯终于获得观众的认可，成为一大批美国年轻人心目中的偶像，此后他数度问鼎奥斯卡金像奖、美国电影金球奖。

汤姆·克鲁斯的经纪人保罗·瓦格纳说："克鲁斯从许多的迷雾和荆棘中发出光来。他不断绕开上帝设置的障碍，并改变自己。"

她从小就"与众不同"，因为患了小儿麻痹症，不要说像其他孩子那样欢快地跳跃奔跑，就连平常走路都做不到。寸步难行的她非常悲观和忧郁，当医生教她做点运动，说这可能对她恢复健康有益时，她就像没有听到一般。随着年龄的增长，她的忧郁和自卑感越来越重，甚至，她拒绝所有人的靠近。但也有个例外，邻居家那个只有一只胳膊的老人却成为她的好伙伴。老人是在一场战争中失去胳膊的，老人非常乐观，她非常喜欢听老人讲故事。

这天，她被老人用轮椅推着去附近的一所幼儿园，操场上孩子们动听的歌声吸引了他们。当一首歌唱完时，老人说道："我们为他们鼓掌吧！"她吃惊地看着老人，问道："我的胳膊动不了，你只有一只胳膊，怎么鼓掌啊？"老人对她笑了笑，解开衬衣扣子，露出胸膛，用手掌拍起了胸膛……

那天晚上，她让父亲写了一张字条，贴在墙上，上面是这样的一行字："一只巴掌也能拍响。"从那以后，她开始配合医生做运动。无论多么艰难和痛苦，她都咬牙坚持着。有一点进步了，她又以更大的受苦姿态，来求更大的进步。甚至在父母不在时，她自己扔掉支架，试着走路。蜕变的痛苦是牵扯到筋骨的。她坚持着，她相信自己能够像其他孩子一样行走、奔跑。她要行走，她要奔跑……

11岁时，她终于扔掉支架，她又向另一个更高的目标努力着，她开始锻炼打篮球和参加田径运动。

1960年罗马奥运会女子100米跑决赛,当她以11秒18第一个撞线后,掌声雷动,人们都站起来为她喝彩,齐声欢呼着这个美国黑人的名字:威尔玛·鲁道夫。

那一届奥运会上,威尔玛·鲁道夫成为当时世界上跑得最快的女人,她共摘取了3枚金牌,也是第一个黑人奥运女子百米冠军。

威尔玛·鲁道夫的故事告诉所有人,任何时候都不要放弃希望,哪怕只剩下一只胳膊,也可以为生命喝彩。任何时候都不要放弃梦想,要说成功有什么秘诀的话,那就是坚持,坚持,再坚持!当我们面临考验之际,往往会以为已经到了绝境,但此时,不妨静下心来想一想,难道真的没有机会了吗?当然不,只要你满怀希望,就会发现,你所经受的只是一个考验,考验过去就是光明,就是成功。

失败了又如何,再试一次就好

生活中,谁都希望人生路上一帆风顺,都希望获得命运的垂青、一举成功,渴望成功的人更是如此,但没有人能随随便便成功,这条路也并不是那么好走,需要经受各种考验,其中就有失败。但勇敢的人从不会被失败打倒,而是把失败当成功的垫脚石,从失败中崛起。

在哈佛大学2008年的毕业典礼上,《哈利·波特》的作者罗琳演讲时说道:"失败给了我内心的安宁,而在一帆风顺的处境下,我们是感受不到的。从失败中,我也加深了对自己的认识。我发现,我有坚强的意志,而且,自我控制能力比自己想象得还要强,我也发现自己拥有比红宝石更珍贵的朋友。"哈佛大学的教授也曾说过:"坚持是机遇的种子,年轻人无论是求学还是创业,在经过各种权衡比较之后,要充分调动起自身的能量,在一段时间内只集中力量做一件事。"其实,这个道理很简单,以挖井为例,找到了水源之后,就要奋力往深处挖,如果打一枪换一炮,那么,最终,你获得的不过是一个个的土坑而已。而在发掘中所消耗的时间与精力,已经永远找不回来了。

要问成功有什么秘诀,丘吉尔在一次演讲时回答得很好:"我的成功秘诀有三个:第一是,绝不放弃;第二是,绝不,绝不放弃;第三是,绝不,绝不,绝不放弃。"

被拒绝了1000次之后,还敢去敲第1001次门的席维斯·史泰龙就是靠毅力走向成功的。他在未成名之时,身上只有100美元和一部根据自己悲惨童年生活写成的剧本《洛奇》。于是,他怀揣着梦想,挨家挨户拜访好莱坞的电影公司,但遗憾的是,没有一家公司愿意录用他。

当时的好莱坞有500家电影制片公司,史泰龙就被拒绝了500次。面对500次的拒绝,他依然没有灰心,他坚信,胜利就在下一秒。

于是,他开始了第二轮的拜访,仍从第一家公司开始,但结果还是没有一家公司愿意录用他。再一次的打击依然没有打倒史泰龙。他没有放弃希望,他把1000次的拒绝,当作绝佳的经验。接着他又鼓励自己从第1001次开始。后来经过多次上门求职,总共经历了1855次严酷的拒绝,终于有一家电影制片公司同意采用他的剧本,并聘请他担任自己剧本中的男主角。

史泰龙的成功,更加证实了坚持的道理。在机遇面前,行动固然重要,但坚持更为重要。在追梦的过程中,我们永远都不要放弃心中的希望,如果遇到困难,把困难当成人生的考验,不要在因难面前茫然退缩,更不要不知所措迷失自己,满怀希望地为自己的梦想而努力,相信终有一天,你会走出低谷、走向光明。现实是美好的,但又是残酷的,关键在于面对困难,你是否具有韧性,能否坚持到底。

老亨利是一家大公司的董事长,他是个和蔼的老人。有一次,产品设计部的经理汤姆向老亨利汇报说:"董事长,这次设计又失败了,我看还是别再搞了,都已经第九次了。"汤姆皱着眉头,神情非常沮丧。

"汤姆,你听我说,我让你来设计,就是相信你能成功。来,我给你讲个故事。"老亨利吸了一口雪茄,开始讲起来,"我也是个苦孩子,从小没受过什么正式教育。但是,我不甘心,一直在努力,终于在31岁那年,我发明了一种新型的节能灯,这在当时可是个不小的轰动呢!但是,我是个穷光蛋,进一步完善发明需要一大笔资金。我好不容易说服了一个私人银行家,他答应给我投资。可我发明的这种新型节能灯一投放市场,其他灯的销路就会被阻断了,所以就有人暗中阻挠我成功。可谁也没想到,就在我要与银行家签约的时候,我突然得了胆囊症,住进了医院,大夫说必须马上做手术,否则就会有生命危险。那些灯厂的老板知道我得病了,就开始在报纸上大造舆论,说我得的是绝症,骗取银行的钱来治病。结果,那位银行家不准备投资了。更严重的是,有一家机构也正在加紧研制这种节能灯,如果他们抢在我前头,我就完蛋了!我躺在病床上万分焦急,最后只能铤而走险,不做手术,如期地与那位银行家见面。"

老亨利继续说道:"见面前,我让大夫给我打了镇痛药。和银行家见面后,我忍住剧烈的疼痛,装作没事似的,和银行家谈笑风生。时间一长,药效过去了,我的肚子就像刀割一样疼,后背的衬衣也让汗水湿透了。可我仍然咬紧牙关,继续周旋。我当时心里就只剩下一个念头:再坚持一下,成功与失败就在于能不能挺住这一会儿!病痛终于在我强大的意志力下低头了,最后我终于取得了银行家的信任,签了合约。我在送他到电梯口时脸上还带着微笑,并挥手向他告别。但电梯门刚一关上,我就扑通一声倒在地上,失去了知觉。提前在隔壁等我的医生马上冲过来,用担架将我抬走。后来据医生说,我的胆囊已经积脓，相当危险。知道内情的人无不佩服我这种精神。我呢，就靠着这种精神一步步走到现在。"

汤姆被老亨利的故事感动了，他感到万分惭愧。和董事长相比，自己遇到的这点压力算什么呢？

"董事长，您的故事让我非常感动，从您身上我真正体会到了再坚持一下的精神。我非常感谢您给我的鼓励和提醒。我回去再重新设计，不成功，誓不罢休。"汤姆挺着胸，攥着拳，脸涨得通红，说话的声音有些颤抖。

事实是最好的证明，在实验进行到第十二次的时候，汤姆终于取得了成功。

任何人、任何事的成功，固然有很多方法，但最根本的就是需要坚持。不管遇到什么困难，只有风雨无阻并相信自己能成功，就一定能迎来曙光、迎来成功。老亨利和汤姆的成功就是最好的证明。相反，如果我们总是在前进的道路上给自己设置重重的心理障碍，总是让自己刚迈出的脚步又退回原点，那么又如何战胜压力走向终点呢？唯有抱着一种不怕输、不认输的精神，有一种失败后再坚持一下的勇气，最终才能获得成就。

谁的成功都不会手到擒来

有人说，人生是一次长途跋涉，旅途中常常有曲折和险阻。如果抱着只希望走一帆风顺之路的心态，而不会转弯的人，恐怕是难以登上人生的制高点的，因为谁的成功都不会手到擒来。生活中的你也会遇到一些难题，此时，你难免会产生一些焦躁的情绪，但焦躁对于事情的解决毫无帮助，你只有静下心来，才能冷静地思考解决的方法。

因此，无论发生什么，你都要记住，一定要有个好心态，不到最后一刻都不要放弃。

美国影视演员克里斯托弗·里夫因在电影《超人》中扮演超人而家喻户晓，但谁也没想到的是，接下来的他却遭遇了一场从天而降的大祸。

1995年5月27日，里夫参加了弗吉尼亚的一场马术比赛，谁知中途发生了意外事故，里夫头部着地，第一及第二颈椎全部折断。经过长达五天的昏迷后，里夫终于醒过来了，不过医生说，他也不能确定里夫能不能活着离开手术室。

在那段时间里，里夫的人生陷入谷底，他甚至几次想到了轻生。后来，他出院了，他的家人为了能让他心情好点，便用轮椅推着他出门旅行。

有一次，他的家人开车带他出门游玩，当车来到一路盘旋的盘山公路上时，他望着窗外，望得出神，他似乎想到了什么，他发现，每当车开到道路尽头的时候，路边就出现一块交通警示牌上面写着："前方转弯！"或"注意！急转弯"。然而，只要车开过了弯道，前面就会出现豁然开朗的风景。"前方转弯"这几个大字好像刻在了他的心里，也给了他当头一棒，原来，路不是到了尽头，只是该转弯了。他幡然醒悟，于是，他对家人大喊一声："我要回去，我还有路要走。"

从此以后，他完全改变了以往颓废的生活，他以轮椅代步，当起了导演，他第一部首席指导的影片就荣获了金球奖；他尝试着用嘴咬着笔写字，他的第一本书《依然是我》一问世就进入了畅销书排行榜。与此同时，他创立了瘫痪病人教育资源中心，并当选为全身瘫痪协会理事长。他还四处奔走，举办演唱会，为残障人的福利事业筹募善款，成了著名的社会活动家。

美国《时代周刊》报道了克里斯托弗·里夫的事迹。

在这篇文章中，他回顾自己的心路历程时说："以前，我一直以为自己只能做演员；没想到今生我还能做导演、当作家，并成了一名慈善大使。原来，不幸降临的时候，并不是路已到了尽头，而是在提醒你：你该转弯了。"

一次偶然的事件，让原本几乎绝望的克里斯托弗·里夫重新选择了一条人生的路。在这条路上，他同样取得了成功甚至是辉煌。

生活中的你，在追求梦想的过程中，可能也会遇到困难，可能你也会选择放弃，但是，请想一下，如果选择了放弃，向所谓的命运妥协了，那么，你就真的彻底失败了；而如果你选择另一种心态，那么，只要你继续思考，你就有可能绝处逢生。

失败平庸者多，主要是心态有问题。遇到困难，他们总是挑选容易的倒退之路。"我不行了，我还是退缩吧。"结果陷入失败的深渊。成功者遇到困难，他们能心平气和，并告诉自己："我要！我能！""一定有办法。"

当然，这还需要我们培养自己的耐力，要坦然面对任何困难。

日本著名企业家松下幸之助，就是一个在困难中勇于挺住、赢得时间，最终成就大业的商界巨人。他在谈经营管理的论著中，专门阐述了如何面对经济不景气的问题。他认为，不景气是企业发展过程中的一个阶段。从景气到不景气，再到景气，是经济发展的客观规律。当不景气来临时，正好考验经营决策者的能力和胆识。他说："利用不景气打天下，当大家在不景气下一筹莫展时，你仍有开拓事业的勇气和能力，再不景气下去将来就是你的天下了。"

松下幸之助正是在创业初期利用不景气进行负债经营，渡过难关后才有了更大的发展。

当然，要突破困境，绝对不能消极等待，而要在等待中积极寻找突破口，创造条件去克服困难，从而实现从"山重水复疑无路"到"柳暗花明又一村"。

事实上，人们驾驭生活的能力，是从困境生活中磨砺出来的。和世间任何事件一样，苦难也具有两重性：一方面，它是障碍，要排除它必须花费更多的力量和时间；另一方面，它又是一种肥料，在解决它的过程中能够使人更好地锻炼提高。

库雷曾说："许多人的失败都可以归咎于缺乏百折不挠、永不放弃的战斗精神。"的确，我们发现，一些人或满腹经纶，或能力超群，但他们却同时拥有一个致命的弱点，那就是缺乏一种抗打击的能力，往往一遇到微不足道的困难与阻力，就立刻裹足不前，没有韧性，遇硬就回、遇难就退、遇险就逃。因此，终其一生，他们只能从事一些平庸的工作。一个人跌倒并不可怕，可怕的是跌倒之后爬不起来，尤其是在多次跌倒以后失去了继续前进的信心和勇气。不管经历多少不幸和挫折，内心依然要火热、镇定和自信，以屡败屡战和永不放弃的精神去对付挫折与困境。那么，你就会不断强大起来。

重压之下，成功不远

人的一生，必定免不了困难和压力，面对压力，很多人常常会抱怨、会逃避，其实，有压力，才有动力，压力带给我们的不仅仅是痛苦和沉重，还能激发我们的潜能和内在激情，让我们的潜能得以开发。为此，我们可以说，重压之下，便离成功不远。

面对重压，如果我们不为自己的心理减负的话，我们的眼里就会充满苦难，就会发现脚下的路有沟有坎，一点都不平坦，于是就举步维艰，停留在那块平地上，结果自然是一事无成。而相反，如果我们能换个角度看待现状，无论遇到什么样的压力和困难，都始终向前看，你看到的就是一条路，顺着这条路走下去，你会发现路越来越宽、景色越来越美。

有位名不见经传的年轻人，第一次参加马拉松比赛就获得了冠军，而且还打破了世界纪录。

当他冲过终点时，记者蜂拥而上，不断地追问："你怎么会取得这么好的成绩？"

年轻人气喘吁吁地回答："因为我的身后有一匹狼。"

所有人听后都惊恐地回头张望，但并没看到他身后有什么可怕的东西。

这时他继续说："3年前，我在一座山林间训练长跑，每天凌晨教练喊我起床练习，即使我用尽全力，也总是没有进步。

"有天清晨，在训练途中，我忽然听到身后传来狼的叫声，刚开始声音很遥远，可是没几秒就已经来到我的身后。当时我吓得不敢回头，只知道拼命奔跑。于是，那天我的速度居然是最快的。"

年轻人顿了顿，又说："回来后教练跟我说：'原来不是你不行，而是你身后少了一匹狼！'我这才知道，原来所谓的"狼"，是教练安排的。从那以后，只要训练时，我就想着自己身后有一匹狼正在追赶，包括今天的比赛，那匹狼仍然在追赶着我，我必须战胜它！"

我们每个人都和这位年轻人一样，有着自己的人生目标。可是，我们的身后有"狼"吗？这匹"狼"实际上就是压力。如果在人生路上毫无压力、过于安逸，那么，我们注定平淡、碌碌无为，如果有匹"狼"在我们身后追赶着我们前进，我们势必会攀上人生的高峰。

的确，在人生道路上，困难和挫折是难免的，尤其是希望有一番成就的人们，更要有心理准备，人生的起起伏伏，我们无法预料，但是有一点我们一定要牢牢记住：重压之下，便离成功不远，立于危崖，才能学会飞翔。

在美国跳水运动史上，有位叫乔妮·埃里克森的运动员。1967年夏天，在一次跳水比赛中，她不幸负伤，除脖子之外，全身瘫痪。乔妮不得不离开她一直梦想的跳水事业，她甚至感到绝望，然而，她并没有向命运妥协，而是冷静思考人生的意义和价值。

乔妮认识到：虽然我的身体残疾了，没办法再跳水，但我为什么不能在其他道路上奋斗呢？随后，她想到了读书时代曾热爱的画画。于是，坚强的她拿起了画笔，手不行，她就用嘴，逐渐她学会了怎样用嘴画画，为了练习绘画，她常常累得头晕目眩，有时候画纸都被她的汗水和泪水浸湿了。

转眼过了很多年，她的努力总算得到了回报，她的一幅风景油画在一次画展上展出后，得到了美术界的好评。

乔妮又想到要学文学。这一想法来源于她的一次经历。当时，一家刊物向她约稿，要她谈谈自己学绘画的经过和感受，然而，尽管她很用心地写，依然没有写出一篇令自己满意的文章，这件事对她的打激太大了，她才感觉到有必要练习写作水平。

经过艰辛的岁月，她终于实现了自己的文学梦。1976年，乔妮的自传《乔妮》出版了，轰动了文坛，她收到了数以万计的热情洋溢的信。两年后，她的《再前进一步》一书又问世了，该书以作者的亲身经历，告诉残疾人，应该怎样战胜病魔，立志成才。后来，这本书被搬上了银幕，影片的主角由她自己扮演，她成了青年们的偶像，成了千千万万个青年自强不息、奋进不止的榜样。

人生境界就是如此。在你生命的过程中，不论是爱情、事业、学问等，你勇往直前，到后来竟然发现那是一条绝路，没法走下去了，山穷水尽悲哀失落的心境难免出现。此时不妨往旁边或回头看看，也许还有别的通路；即使根本没有路可走，往天空看吧！虽然身体处在重压下，但是心还可以畅游太空，体会宽广深远的人生境界，再也不会觉得自己穷途末路。

实际上，上天对我们每个人都是公平的，为什么有些人能攫取成功的果实，有些人却只能甘于平庸？其中一个很大的原因就在于他们是否有走出困境的毅力。命运在为我们创造机会的同时，也为我们制造了不少"麻烦"。如果你在"麻烦"面前倒下了，那么你也就失去了成功的机会；如果你经过挫折、失败的锤炼后变得更加坚强，那么你就是真正的强者。不甘于平庸、不想成为失败者，那你就要有勇气面对困境和压力，而不是懈怠和逃避。

总有一天，你会变得很棒

我们都知道，人生旅途上沼泽遍布、荆棘丛生。也许会山重水复，也许会步履蹒跚。我们需要在黑暗中摸索很长时间，才能找寻到光明……但这些都不算什么，一个心中有梦想的人，都会坚信一点，总有一天，他们会变得很棒，所以，你只有做到不放弃，知道自己要什么、该干什么，才能敲开那一扇扇机会之门。

里根生在一个极其普通的家庭，全家四口人只靠父亲一人当售货员的工资维持生活。生活的艰辛磨炼了里根的意志，也使他产生了出人头地的强烈愿望。

里根大学毕业后，想试着在电台找份工作，然而，每次都碰一鼻子灰。最后，里根驾车行驶了70英里来到特莱城，试了试爱荷华州达文波特的电台。电台主任让里根站在一架麦克风前，凭想象播一场比赛。由于里根的出色表现，他被录用了。

在回家的路上，里根想到了母亲的话："如果你坚持下去，总有一天你会交上好运。并且你会认识到，要是没有从前的失望，好运是不会降临的。"

这次求职成了里根人生旅途的新起点。它使里根懂得，一个人只要有信心，知道自己该干什么，那一扇扇机会之门就会为自己敞开。

下面这个看似简单的故事，却蕴含了一个深刻的道理，它告诉我们——坚持在追求梦想的过程中是多么重要。

在加拿大，有一位叫让·克雷蒂安的少年，他曾因疾病而落下口吃的毛病，嘴角畸形，更严重的是，他还有一只耳朵失聪。后来，一位医生告诉他，在嘴里含着石子能矫正口吃，于是，他每天在嘴里含着一颗石子练习讲话，一段时间以后，嘴巴和舌头都被磨得流血了，疼痛难忍。

母亲看到后，十分心疼，她对儿子说："孩子，不要练了，妈妈会一辈子陪着你。"但克雷蒂安摇了摇头，替母亲擦干眼泪，十分坚定地说："妈妈，听说每一只漂亮的蝴蝶，都是自己冲破束缚它的茧之后才变成的。我一定要讲好话，做一只漂亮的蝴蝶。"

克雷蒂安的努力最终有了成效，他能够流利地讲话了。他勤奋刻苦，学习成绩优异，获得了周围人的赞赏。

1993年10月，克雷蒂安参加加拿大总理大选时，他的对手大力攻击、嘲笑他的脸部缺陷。对手曾极不道德地说："你们要这样的人来当你的总理吗？"然而，对手的这种恶意攻击却招致大部分选民的愤怒和谴责。当人们知道克雷蒂安的成长经历后，都给予他极大的同情和尊敬。在竞选演说中，克雷蒂安诚恳地对选民说："我要带领国家和人民成为一只美丽的蝴蝶。"结果，他以极大的优势当选为加拿大总理，并在1997年成功连任，被国人亲切地称为"蝴蝶总理"。

一个口吃少年变成人人敬仰的"蝴蝶总理"，他真的如蝴蝶一样，实现了自己人生的蜕变。这也验证了那样一句话："总有一天，你会变得很棒的！"就如阳光总在风雨后一样，那些看清方向并一如既往坚持的人，总能看到困难中的机遇，同时克服机遇中的困难，他们总是在坚持理想、脚踏实地、持之以恒,最终获得更多提高自己的契机。

1819年,在横跨得克萨斯州的火车上,一个瘦高个子、大约13岁的男孩,正在卖报纸和雪茄。当旅客们谈论有关投资方面的事情时,这个年轻人总会全神贯注地听着。

这个卖报纸的孩子叫作威廉,他希望成为一个预测未来的交易商。过往的人纷纷嘲笑他:"噢,祝你好运,没有人能预测未来。"

为了这个梦想,长大后的威廉整天躲在狭小的地下室里,将数百万根的K线一根根地画到纸上、贴到墙上,接下来便对着这些K线静静地思索,有时他甚至能面对一张K线图发几小时的呆。

后来他干脆把美国证券市场有史以来的记录收集到一起,在那些杂乱无章的数据中寻找规律性的东西。由于没有客户,挣不到薪金,这个美国人很多时候不得不靠朋友的接济勉强度日。

这样的情况在他的世界持续了6年。这6年,威廉集中研究了美国证券市场的走势与古老数学、几何学和星象学的关系。

6年后,他发现了有关证券市场发展趋势的最重要的预测方法,他把这一方法命名为"控制时间因素"。他在金融投资生涯中赚取了5亿美元,成为华尔街靠研究理论而白手起家的神话人物。

他叫威廉·江恩,世界证券行业尽人皆知的重要的"波浪理论"的创始人。

成功需要梦想,梦想需要坚持,这是一个最原始也最简单的真理。诺贝尔奖获得者巴斯德曾豪迈地宣称:"告诉你达到目标的奥秘吧,我唯一的力量就是我的坚持精神。"需要持之以恒的原因就在于,世上凡是有价值的事情通常都有一定的难度,不可能一蹴而就,因此只有持之以恒才能完成。

在我们的生活中,也有不少人的内心,都有自己的梦想,但紧张的工作，可能会让你搁浅心中的梦想。但你是否发现，正是因为失去了梦想，你才会显得无力、没有热情。只要具有强大的动力，任何人的潜能都会被最大限度地激发。而在这个过程中，最为重要的就是在面对压力、挫折、困难时是否有继续向前的愿望和动力，任何想要成功的人，首先要学会的就是坚忍不拔，要能够超越失败，成功才会与你越来越近。

现在的贫困，是为将来奋斗的动力

在我们的现实生活中，不少人都感叹命运不公，抱怨现在的贫困状态，但我们要知道，天上不会掉馅饼，要改变贫困，唯有努力向前，事实上，很多坐拥财富的成功者，就是从贫穷中走出来的。刚开始时，他们是不折不扣的穷人，但却吃得起苦、经得起摔打，最终，他们成就了自己的财富王国。所以现在的贫困，是为将来奋斗的动力。

英国人霍布代尔是一所中学勤勤恳恳的清洁工，已经在那所学校工作多年。一次偶然的机会，学校新来的校长发现霍布代尔是个文盲，这位校长不能容忍自己的学校中有文盲，于是，将他解雇了。霍布代尔痛苦万分，对于他这样一个文盲，到哪儿去工作都将面临困难。痛苦中的霍布代尔并没有自暴自弃，他开始思考这样一个问题：我真的一无是处吗？突然，他高兴起来了。原来他想到了他的手艺——做腊肠。霍布代尔做的腊肠曾深受学校师生的欢迎。基于此，霍布代尔产生了做腊肠生意的念头。他做得很好，几年后，在英国有人不知道莎士比亚，不知道劳斯莱斯，却没有人不知道霍布代尔的腊肠。

我们身边，有很多和案例中的霍布代尔一样的人，他们没有高学历、没有雄厚的资金，他们被别人看不起，但他们能找到自己的长处，然后将之充分发挥出来，最终，他们也获得了别人不曾预料到的成功。

我们要明白的是，不是谁都有个富爸爸，谁都能含着金钥匙出生，大部分人也不是一穷二白，但我们若想成为富人，必须摒弃一些纨绔子弟的浮躁心态。那些坐拥金山最终败光家产的人比比皆是。

很多富豪在成功后谈到自己的发家史，都会感谢自己的父母给了自己贫穷，因为贫穷，他们不得不努力，奋斗是他们唯一的出路。贫穷的出生，本来就是对自己的一种磨炼，2000多年前，孟子就有过"天将降大任于斯人也，必先苦其心志，劳其筋骨，饿其体肤"的人生定论，能摆脱贫穷，本身就是一种成功。

日本歌手千昌夫，在兄弟三人中排行老二，小学三年级时父亲病故，全家人以母亲的积蓄勉强维持生计。但因为实在太穷而无力支付电费，常常被停电。没办法，全家只好靠蜡烛照明。即使现在，他每当看到蜡烛，眼前就浮现出当年贫困生活的情景。所以，据说他甚至讨厌看到餐桌上的蜡烛。千昌夫初中毕业升入高中，心里仍旧充满贫困艰辛的感觉。这种感觉，促使他产生渴望获得成功的雄心。高中二年级春假的一天，他独自一人乘夜间列车离家出走，以做歌手为目标直奔东京。之后，拜作曲家远藤实宅为师，历经磨难与痛苦，终于成为风靡全国的歌手。

有了立足的事业之后，千昌夫积极投资创业，除了歌手身份，更是一位在夏威夷毛伊岛有一幢豪华饭店的实业家。

古今中外，有着和千昌夫一样故事的人着实很多，他们之所以能成就一番事业、获得财富，就是因为他们能把贫穷当压力，他们懂得自我拯救，懂得只有靠自己才能改变命运，他们比其他人更能吃苦、更有毅力，最终，他们获得了应有的回报。

古人云："穷且益坚，不坠青云之志，"这句话也是要告诉我们，即使贫穷，也要有坚韧的品质，也要心怀梦想、努力向前。那些已经走出第一步的穷人会发现，自己在困苦之中培养出来的坚韧性格，是一笔可以使用终生的财富。

某招聘会上，公司主管想招一名部门经理，选来选去，只剩下甲和乙两个应聘者。为了选择一个更适合公司发展的职员，主管给他们出了一道题，公司买了两筐苹果，可是苹果有好多烂的，谁也不可能两天吃完。现在这两筐苹果就在这儿，你们拿回去吃吧，一个月后你们再来给我答复。

一个月后，甲和乙都回来了，向主管说明了自己是怎么做的，甲不慌不忙地说："苹果发到我手里就有一半烂了，我就先拣烂的吃，吃到最后还是烂的，一筐苹果没吃到一个好的——我已经拉了半个月肚子。"

主管笑着问甲："既然吃苹果让你这么痛苦，你为什么还要吃呢？"

甲答："不管怎么说，吃苹果是公司考验我的题目，不吃等于辜负了公司的好意。"

主管又问乙："你是怎么处理那一筐苹果的？难道也选先烂的吃？"

乙说："不。那筐苹果到我手里也有一半烂了，我先选好的吃，直到选不出来，我连筐子一起丢了。"

甲乙两人是从百名应聘者之间选出来的佼佼者。听了甲与乙的话，主管慎重地想了又想，乍一看，甲这种人走上社会是难有出息的，因为他的思维是属于封闭型的，不可能开创什么事业。其人生态度是悲观消沉的，这种人生观与时代格格不入，但实际上，甲虽然有逆来顺受的性格，但他有一种吃苦在前、享乐在后的精神，这样的人不会寅吃卯粮，换句话说，他把人生的理想和追求都放在以自己的吃苦与拼搏去换取上，还是有前途的。

而乙看上去处事有主见、有魄力，思想方法独特，有开拓创新精神，有健康积极的生活态度，但是他的实用主义作风害了他，使他凡事看得比较近，做出的成绩也有限。

于是，主管决定选择甲担任部门经理的角色。

一晃5年过去了。两个应聘者的前途果然不出主管的预料，甲不仅在工作岗位上干得出色，而且马上就要提升了；而乙，据有关消息说，还想换工作，碌碌奔波于一个个新的单位之间。

如果你是案例中的应聘者，你会怎么做？也许你会和乙一样，因为谁都不想痛苦地吃完一筐烂苹果。然而，这看似精明的做法，却是吃不起苦的表现。

这个案例也给那些正在努力改变贫困状态的人一个启示：无论怎样，事业是做出来的而不是说出来的，辛勤耕耘的人，永远都有市场。

贫穷确实能考验一个人，有的人被贫穷压弯了脊梁骨，击破了梦想，也有人能将贫穷当成一种动力，他们能做到永不回头地奋斗，在他们看来，只有享不了的富，没有受不了的罪。这种吃苦的本性纵有逆来顺受的味道，但却是获得成功很重要的资本。

总之，我们需要记住的是，"好事多磨""不受磨难不成佛"，大凡伟大的事业都是在艰巨的磨难中完成的。一个人物质生活太优越、成长道路太顺畅，未经人生路上的摸爬滚打，一旦遭到坎坷和挫折，往往会一筹莫展、驻足不前，甚至长期地沉溺于苦闷之中无法自拔。

 第 2 章

成功的门是虚掩着的，需要你用雄心叩开它

梦想和信念对于我们的行动具有指引作用。我们每个人都渴望成功，然而成功并不是一条风和日丽的坦途。很多时候，成功的门都是虚掩着的，要叩开成功之门，首先需要我们有志向、有雄心。的确，那些平凡的人之所以没有取得大的成就，就是因为他们太容易满足而不求进取，一生只会盲目地工作，争取足够温饱的薪金。只有进取的人才会进步，也才会获得荣誉、证明自己。为此，从现在开始，不妨具备一点雄心吧，有了获胜的念头，才有可能获胜，一个没有胜利欲望的人，又怎么可能获得胜利呢?

路，一直延伸到思想的尽头

我们都知道，喷泉的高度不会超过它的源头；一个人的成就不会超过他的信念。而我们所走的路，也不会比我们的思想所能延伸得更远，所以，如果我们想让行动领先一步，首先就必须有野心。

如果你想活出一个不平凡的人生，如果你想成为一个成功的人，那么，从现在起，就尽早为自己树立一个足以为之奋斗的理想吧。一个连想都不敢想的人又怎么会成功呢？

美国钢铁大王卡内基，少年时代从英格兰移民到美国，当时真是穷透了，正是抱持着"我一定要成为大富豪"的信念，使得他于19世纪末在钢铁行业大显身手，而后涉足铁路、石油，成为商界巨富。洛克菲勒、摩根也都是满怀欲望，并以欲望为原动力，成为资本主义初期美国经济的胜利者。

世界巨富比尔·盖茨的格言是："我应为王。"即使是屈居第二，对他来说，也是不可忍受的。他曾经对他童年要好的朋友说："与其做一株绿舟中的小草，不如做一棵秃丘中的橡树，因为小草任人践踏，而橡树昂首天穹。"

在学习上，盖茨一直是出色者。读中学时，他的数学成绩是最好的。即便是他后来上了哈佛，他在数学学习上也一直是佼佼者。有人断言，如果盖茨能在数学上继续发展，他会成为一名优秀的数学家。可是，他不甘人后，他发现，还有几个同学在数学方面比他更胜一筹，于是，他放弃专攻数学的打算。因为他有一个信条：在一切事情上,不屈居第二。他的同学回忆说:"盖茨不管做什么事情都要弄它个登峰造极,不到极致绝不甘心。"

这种要成为杰出者的欲望,在盖茨小时候就已经表现出来了。他的同学曾回忆说:"任何事情,不管是演奏乐器还是写文章,除非不做,否则他都会倾尽力花上所有的时间来完成。"

盖茨读四年级时,老师要求学生写一篇四五页的关于人体特殊作用的文章,结果,盖茨一口气写了30多页。还有一次,老师叫全班同学写一篇不超过20页的短故事,而盖茨却写了100多页。

可见,盖茨之所以能成为软件霸主,聪明并不是第一位的,他不愿屈居第二的志气才是他真正成功的动力。

汉斯从哈佛大学毕业后,进入一家企业做财务工作,尽管赚钱很多,但汉斯很少有成就感,他不喜欢枯燥、单调、乏味的财务工作,他真正的兴趣在于投资,做投资基金的经理人。

在一次旅途的飞机上,汉斯与邻座的一位先生攀谈起来,由于邻座的先生手中正拿着一本有关投资基金方面的书,双方很自然地就聊起有关投资的话题。汉斯特别开心,总算可以痛快地谈论自己感兴趣的投资,因此就把自己的观念,以及现在的职业与理想都告诉了这位先生。这位先生静静地听着汉斯滔滔不绝的谈话,不知不觉间,飞机到达了目的地。临分手的时候,这位先生给了汉斯一张名片,并告诉汉斯,他欢迎汉斯随时给他打电话。

回到家里,汉斯整理物品的时候,发现了那张名片,仔细一看,汉斯大吃一惊,飞机上邻座的先生居然是著名的投资基金管理人!自己居然与著名的投资基金管理人谈了两小时的话,并留下了良好的印象。汉斯毫不犹豫,马上提上行李,飞到纽约。一年之后,汉斯成为投资基金界的新秀。

这个案例中,汉斯的人生的改变来自他和这位基金管理人的结识，但如果他没有下定决心再次寻找这位投资基金管理人，想必他还在做着单调的财务工作，更不可能实现自己的梦想。

比尔·盖茨和汉斯的故事都再次证明了一个观点——内心不渴望的东西，它永远不可能靠近自己，你必须具有强烈的渴望成功的愿望，这一点非常重要。信心能使人产生勇气。如果我们对自己都没有信心，世界上还有谁会对我们有信心呢？也就是说，一个人的信念是他一切行动的开始，也是他能否成功的重要因素。一个人的成果不会超过信念本身。

为什么在现实中有些人受人敬重，而有些人被人看不起甚至踩在脚下？前者是因为他们有野心，凡事努力；而后者，他们得过且过，即使掉在队伍后面，也不奋起直追，这就注定了这类人无法成大事。有野心，是一种积极向上的心态，它为所有人创造了一种前进的动力。很多时候，成功的主要障碍，不是能力的大小，而是我们的心态。

上帝赋予我们聪明的头脑和坚强的肌肉，不是让我们成为失败者，而是让我们成为伟大的赢家。因为成功者永远有超出众人之外的、敢于力争第一的心态。力争第一，如同成功道路上的一盏明灯，指引人们永远向着光明的前方奋进。

当今社会，人与人之间的竞争越发激烈。每个人都必须具备竞争意识。如果我们想提升竞争力，在竞争中脱颖而出并走向成功的话，还必须具备一个前提条件，那就是志向和"野心"，这是我们不断努力、不断进取的动力。事实上，成功者永远有超出众人之外的、敢于力争第一的"野心"，"野心"就如同成功道路上的一盏明灯，指引人们永远向着光明的前方奋进。

可见，"野心"是人类行为的推动力，人类通过拥有"野心"，可以有力量攫取更多的资源。没有志向的人是可悲的，就像一头无头苍蝇,不知道前方的路在哪里。

总之,如果你希望自己能够得到重用,如果你希望自己成为一个成功的人,如果你不甘于平庸,就一定要有"野心",要从内心决定做第一。这样在你的意识中你会有信心做到完美,你的个性也才会真正成熟起来。相反,不想做得更好,就会做得更差。如果你自甘沉沦,不追求卓越,懒得提高自己的能力,那么,你是不会有所进步的。

敢为人先,找到属于自己的成功路

我们听过一句话:第一个成功的人,往往是那个第一个"吃螃蟹的人"!人们也常说,"没有人能随随便便成功",这句话是说,成功需要很多因素。而我们又发现,任何一个成功的人,他之所以成功并不是都源于自身的勤奋,而是因为他们善于找到一条属于自己的成功路,他们拥有与众不同的思想和快人一步的行动;而那些失败的人,也并全是因为他不够努力,而是因为他人云亦云,总是在走别人的老路。为此,我们要清楚一点,想要成功,就要敢于出头,做有个性的人。事实证明,那些畏畏缩缩、走在他人身后的人是没有什么大作为的。

现代社会,不敢冒险就是最大的冒险。没有超人的胆识,就没有超凡的成就。你也需要勇敢地冒险,勇于尝试,这样,你就有了做成功者的机会。胆量是使人从优秀到卓越的关键因素。海尔总裁张瑞敏先生说:"如果有50%的把握就上马,有暴利可图;如果有80%的把握才上马,最多只有平均利润;如果有100%的把握才上马,一上马就亏损。"

很多成功者能白手打天下,就是因为有敢为天下先的超人胆识。

比尔·盖茨靠什么法宝建立了他的微软帝国？他为何在竞争激烈的现代经济中独占鳌头而历久不衰？

在比尔·盖茨看来，成功的首要因素就是冒险。在任何事业中，把所有的冒险都消除的话，自然也就把所有成功的机会都消除了。他一生当中，最突出的特性就是强烈的冒险天性。他甚至认为，如果一个机会不伴随着风险，这种机会通常就不值得花精力去尝试。他坚定不移地认为，有冒险才有机会，正是有风险才使得事业更加充满跌宕起伏的趣味。

比尔·盖茨是一个具有极高天分、争强好胜、喜欢冒险、自信心很强的人，他在本行业的控制力是惊人的，以至于有评论说：微软公司正在屠杀对手，看来似乎已经垄断软件行业。

事实上，对冒险精神的培养，比尔·盖茨从学生时代就开始了。他在哈佛的第一个学年故意制定了一个策略：多数的课程都逃课，然后在临近期末考试的时候再拼命地学习。他想通过这种冒险，检验自己如何花最少的时间，而又能够得到最高的分数。他做得很成功，通过这个冒险他发现了一个企业家应该具备的素质：如何用最少的时间和成本得到最快最高的回报。

他总是在培养自己好斗的性格，因而被人骂作"红眼"（人在紧张时肾上腺素冲进眼睛，导致眼睛通红）。久而久之，他成为令所有对手都胆怯的人物，因为他绝对不服输、不退缩、不忍让，更不会妥协，直到取得了胜利。这种个性成为他创业时期的最明显的特征，他令一个个对手都败在了自己的手下。

但是他同时又是一个最不满足的人。到了20世纪90年代，他已经成了世界首富，但是不满足的心理依然驱动着他继续自己的冒险事业。他在一次接受记者的采访时说："我最害怕的是满足，所以每一天我走进办公室时都自问：我们是否仍然在辛勤工作？有人将要超过我们吗？我们的产品真的是目前世界上最好的吗？我们能不能再加点油，让我们的产品变得更好呢？"

生活中，总有这样一些人，他们认为自己心智成熟、考虑周全，但什么都不敢做，不敢去冒险，的确，风险可能会导致你失败，但也会使你获得意想不到的收获，不冒风险看似安全，但它只会使你的一生在平庸中度过。

平凡的人之所以没有大的成就，就是因为他太容易满足而不求进取，他一生只会盲目地工作，挣取足够温饱的薪金。不甘于优秀，超越优秀，成为卓越者，我们才可以把事情做到最好。

据社会学专家预测，未来的社会将变成一个复杂的、充满不确定性的高风险社会，如果人类自由行动的能力总在不断增强的话，那么不确定性也会不断增大。你应该意识到，各种变化已经在你身边悄然出现，勇敢地投身于其中的人也越来越多了，而如果你不积极行动起来，缺乏竞争意识、忧患意识、安于现状、不思进取，就会被时代所抛弃，被那些敢于冒险的人远远甩在后面。敢于争第一、充满冒险精神，是每个成功的西点人给我们的启示。

席巴·史密斯曾说："许多天才因缺乏勇气而在这世界消失。每天默默无闻的人被送入坟墓，他们由于胆怯，从未尝试着努力；他们若能接受诱导起步，就很有可能功成名就。"任何人，一旦甘于平淡和默默无闻，那么其结果也就是平淡。哀莫大于心死，只有积极进取，才能勇于尝试。

当然，我们还应该注意的是，勇气常常是盲目的，因为它没有看见隐伏在暗中的危险与困难，因此，勇气不利于思考，但有利于实干。所以，林肯说："对于有勇无谋的人，只能让他们做帮手，而绝不能当领袖。"

总之，敢于走在人前的人是有勇气的，但敢于冒险并不等于有勇无谋，有道是"富贵险中求，成功细中取"。冒险绝不等于蛮干，它是建立在正确的思考与对事物的理性分析之上的。

起点低，同样能成功

生于社会中的人，都有着自己的梦想，都幻想着自己成功的无数可能，然而，面对手头卑微的工作，他们总是抱怨自己生不逢时，没有高学历、没有资本、没有贵人相助……殊不知，成功人士何尝不是从基层做起的呢？现在的强者，何尝不是曾经的弱者？所以，起点低并不重要，重要的是你有没有进取心，如果你毫无野心，做一天和尚撞一天钟，那么，你永远只会庸庸碌碌、毫无成就。的确，进取心是人类聪明的源泉，它是威力强大的引擎、是决定我们成就的标杆、是生命的活力之源。美国迪斯尼乐园的创始人沃尔特·迪斯尼曾说："做人如果不继续成长，就会开始走向死亡。"齐白石到93岁才画了600幅画，歌德到80岁的时候才写出世界名著，的确，进取是没有止境的，任何人都不能满足于现状，而需要不断地开拓新的领域。

所以，想法决定活法，即便你起点低，但人生总是充满无限的可能，而且，几乎所有的成功人士，刚开始所从事的工作都是卑微的，甚至是烦琐的、无聊的，但他们却不忘积聚自己的实力，在长久的努力中，厚积薄发、实现梦想。

欧普拉是一名美国女孩，因为家境贫寒，很早就辍学了，然后去了一家超市打工。她每天几乎要工作16小时以上，每晚回到家，她的双脚都是浮肿的，但这在她看来并没有什么，让她难过的是得不到别人的尊重。

在超市员工中，是分很多等级的，如果是厂家派遣过来的职员或正式员工，工作体面，待遇也更好，而那些和欧普拉一样低学历的临时工，在超市是被人看不起的。

在每天清理货架、搬运商品的工作中，欧普拉就告诉自己，我绝不能这样下去，然后她会在脑海中描绘自己的未来，她读过经营学的书，为此，她希望自己有朝一日能成为市场营销的一员，她更有着从营销人员晋升到CEO的华丽梦想。

欧普拉经历了就业困难的时期和辛苦的公司生活，但她一刻也没有忘记自己早就树立的梦想。如她所愿，欧普拉在市场营销领域崭露头角，几年后即被一家大企业选中，成为商场事业部的经理。

在你最忙碌、感到疲惫的时候，你不妨看看周围的人，即使做着同样的工作、看似差不多的生活，但在5年、10年乃至更长的时间内，大家的命运都有可能完全不同，因为在每个普通的外表下，都有可能隐藏着不同的梦想，人生因梦想而变得闪闪发光。为梦想而工作，即使顶着压力、背负辛苦，你也会感到快乐。

可见，一个人的行动是受理想支配的，一个人，只要积极向上、朝着自己的梦想和目标奋进，即便当下做着再卑微的工作，也会有成功的一天。为此，你们要大胆地编织自己的梦想，让自己的理想超前一些，你的行动就会领先一步，你才能找到学习的动力。心存梦想、力争上游的人，他的每一天都是积极的，长此以往，必定会取得不凡的成就。

20世纪30年代，英国一座不出名的小镇里，有一个叫玛格丽特的小姑娘，自小就受到严格的家庭教育。父亲经常向她灌输这样的观点：无论做什么事情都要力争一流，永远做在别人前头，而不能落后于人。"即使是坐公共汽车，你也要永远坐在前排。"

正是因为从小就受到父亲的"残酷"教育，才培养了玛格丽特积极向上的决心和信心。在以后的学习、生活或工作中，她时时牢记父亲的教导，总是抱着一往无前的精神和必胜的信念，尽自己最大努力克服一切困难，做好每一件事情，事事必争一流，以自己的行动实践着"永远坐在前排"。

玛格丽特上大学时，学校要求学5年拉丁文课程。她凭着顽强的毅力和拼搏精神，硬是在一年内学完了5年的课程。令人难以置信的是，她的考试成绩竟然名列前茅。

其实，玛格丽特不只在学业上出类拔萃，她在体育、音乐、演讲及学校的其他活动方面也都一直走在前列，是学生中的佼佼者。当年她所在学校的校长评价她说："她无疑是我们建校以来最优秀的学生，她总是雄心勃勃，每件事情都做得很出色。"

正因为如此，40多年以后，英国乃至整个欧洲政坛上才出现了一颗耀眼的明星，她就是连续4年当选保守党领袖，并于1979年成为英国第一位女首相，雄踞政坛长达11年之久，被世界政坛誉为"铁娘子"的玛格丽特·撒切尔夫人。

我们不能否认人的智力有差别，但对于大部分人来说，我们的差异并不大。如果我们能为自己树立一个华丽的梦想，并以高标准来要求自己，那么，即使你不会成为人们敬仰的伟人，至少你的人生会因此而闪亮。

所以，进取心塑造了一个人的灵魂。每个人所能达到的人生高度，无不始于一种内心的状态。任何一个人，无论你现在做什么工作、起点有多低，都要力求更好，时时努力超越自己。希望和欲念是生命不竭的动力所在。切记，无论在什么境况下，你都必须有继续前行的信心和勇气，生命的生动在于永远不放弃。

眼光长远，别只看到眼前的蝇头小利

生活中，我们发现，任何一个成功者都是眼光长远的，他们在行事之前，都会权衡利弊得失，更不会因为一些蝇头小利而一叶障目。相反，一些人总以为自己很聪明，懂得抓住眼前利益，而事后他们发现，原来自己是舍本求末，因为自己贪图一时利益而失去了更大的利益空间。可见，眼光在生命的价值中折射出舍得的智慧。具备长远的眼光，放下小利，方可成就大业。

眼光长远，就是指不要只把眼光放在当下。只是更多的时候，我们舍不得放弃手头实实在在的利益，心里想的也是怎样保证眼前的利益不受损失。殊不知，这样做只会任机会溜走，不但不会有所得，甚至会失去更多。舍小利以谋远，关键在一个"舍"字，只有舍得，才能获得。

从前，在英国的一座古镇上，住着一个富有的老绅士，可惜的是，他膝下无子。他年纪越来越大，也慢慢考虑要找个继承人了，最关键的是，他也需要人照顾。他想从镇上的这些孩子里挑选出一个，可是，该选择谁呢？他最欣赏那些能抵御住诱惑、没有好奇心的孩子。

镇上的很多孩子在知道老绅士要寻找一个财产继承人的时候，纷纷给老绅士写信。很快，老绅士就收到了20多封自荐信。

这天早上，三个打扮得干净利落的少年出现在了老绅士的客厅。

老绅士先考核的是一个叫杰克的人，他被带到了一个房间，然后，引他进门的人便出去了。杰克一人坐在沙发上，刚开始，他等待着老绅士的到来，但一小时过去了，还没人敲门，他就躁动起来，他这时发现，原来房间里有这么多好东西。他终于站了起来，东瞧瞧，西看看。他发现，房间的桌子上放了一个罩子，他心想，罩子下面不是美味的蛋糕就是诱人的饮料，于是，他掀起了罩子，结果，他看到的是一堆轻轻的羽毛，因为他掀罩子的力气太大，这些羽毛开始飞起来了，杰克意识到自己可能错了，但羽毛已经飞得满屋子都是。

接下来被考验的是亨利，在他所在的房间里，放了很多他喜欢吃的葡萄，他忍了好久，终于偷吃了一颗，吃完，他后悔了，但他马上安慰自己，没事的，反正这么多，吃一颗不会被人发现的。吃完以后，他发现，葡萄真的好吃，再吃一颗吧，他又拿起了一颗。其实，老绅士在这盘葡萄里做了"手脚"，他悄悄放了一个辣椒，亨利不小心吃到了，他的喉咙像着了火一样。结果，他也被老绅士打发走了。

最后出来的是哈利，他是个守规矩的孩子，一直在房间里坐着，周围好吃的、好玩的东西太多了，但他一直没动。半小时后，他被许可为老绅士提供服务。就这样，哈利一直服侍老绅士，直到他离开人世。老绅士临死之前，将所有的财产都送给了哈利。

生活中的我们就像是故事中杰克和亨利，总是忍不住被眼前那些小利益诱惑，最终失去了更长远的利益。其实，这些小利益对于我们来说，之所以那样吸引人，在于它本身就是带刺的玫瑰，表面上看着美丽，实际上却是不折不扣的陷阱。在通往成功的路上，我们会遭遇不同的利益诱惑，只要我们能够忍耐欲望的吞噬、按捺住内心的悸动，最后的胜利就是属于我们的。

事实也证明，懂得放弃眼前的利益，甚至吃点小亏的人，最终获得的是比当时还要大几倍甚至几十倍的收益。在现实生活中，无论是与人竞争还是与人合作，我们都不要总是计较眼前的利益，而是要把眼光放得长远，懂得从长远利益出发，舍小利为大谋，这正是一种人生倒推的博弈智慧。

犹太人罗斯柴尔德是一个很精明的商人。长时间的生意经验让他十分清楚地意识到，要在这个犹太人备受歧视的社会里脱颖而出，最有效的办法就是接近手握巨大权势的公爵并博得其欢心。

好不容易，他被通知可以接受当地公爵的接见。这是个难得的机会，他觉得自己一定要把握住。为此，他不但把花了很多心血和高价收集的古钱币以低得离奇的价格卖给公爵，同时还极力帮助公爵收集古币，经常为他介绍一些能够使其获得数倍利润的顾客，不遗余力地帮公爵赚钱。

如此一来，公爵不但从买卖中尝到了甜头，对古钱币的兴趣也越来越浓。罗斯柴尔德和他逐渐演变为带有伙伴意味的长期关系，远非只是几笔买卖的普通关系。

罗斯柴尔德是个舍得下血本的人。他为了实现长期战略，宁可舍弃眼前的小利。这种把金钱、心血和精力彻底投注于某个特定人物的做法，便成为罗斯柴尔德家庭的一种基本战略。如若遇到了诸如贵族、领主、大金融家等具有巨大潜在利益的人物，就甘愿做出巨大的牺牲与之结交，为之提供情报，献上热忱的服务；等到双方建立起无法动摇的深厚关系，再从这类强权者身上获得更大的收益。如果说一两次的"舍本大减价"一般人也可能做到的话，那么罗斯柴尔德这种一直"舍本"帮助别人赚钱的做法不能不说是难能可贵的。虽然他得以在宫廷出出进进，但自己在经济上仍然相当拮据。

在罗斯柴尔德25岁那年，他获得了"宫廷御用商人"的头衔。罗斯柴尔德的策略奏效了。

放长线钓大鱼，舍小利获大利，这就是成功的犹太商人的生意经，也是罗斯柴尔德获得成功的心得。人际博弈中也是如此，为了得到长期的利益，必须在开始的时候让对方尝到他一辈子也忘不掉的甜头。

心中有梦，不怕眼前的苦与累

生活中的任何人，都有自己的梦想，也都希望梦想成真，希望实现自己的人生目标和人生价值。然而，无论你的目标是什么、梦想有多远大，你都要有勇气、要勇往直前，在这条路上，你不但要有坚韧和耐心，还要做到放眼未来，坚定必胜的信念，这样即便再苦、再累，也会勇敢地与困难拼搏，那么，就一定能有所成就。

人们常说，成大事者，必有坚忍不拔之志，胜利只属于坚持到最后的人。成功的人之所以能够成功，就是因为他们有坚忍不拔的毅力，能看到困境中的希望，并把失败化作无形的动力，从而最终反败为胜。

我们不能否认这样一个事实：很多人都经历着种种苦难，遭受着种种挫折和打击，这的确是人生的不幸。可是，人们也惊奇地发现，无数杰出的成功者都是从苦难中走出来的，正是苦难成就了他们，苦难对于他们来说，是上天的一种恩赐。

军事家拿破仑幼时的生活是十分清苦的。他的父亲是科西嘉的贵族，后来家道中落而一贫如洗。但他仍多方筹措费用，把拿破仑送到柏林市的一所贵族学校去求学。拿破仑破衣蔽履，常受那些贵族子弟的欺负和嘲笑。

就这样，拿破仑忍受着那些同学的作威作福，求学了5年之久，直到毕业。在这5年里，他受尽了同学们的各种欺负凌辱，但每受一次欺负和凌辱，就越发使他的志气增长一分，他决心要把最后的胜利拿给他们看。

他心里暗自决定痛下苦功、充实自己，使自己将来能够获得远在那些纨绔子弟之上的权势、财富和荣誉。因此，当同伴们利用闲暇时间自娱时，他则独自苦干，把全部精力都放在书本上，希望用知识和他们一争高下。

拿破仑读书有着明确的目的，他专心寻求那些能使他有所成就的书来读。他在孤寂、闷热、严寒中，从不间断地苦学了好几年，单单从各种书籍中摘录下来的文摘，就可印成一部4000多页的巨书。此外，他更把自己当成正在前线指挥作战的总司令，把科西嘉当作双方血战的必争之地，画了一张当地最详细的地图，用极精确的方法，计算出各处的距离，并标明某地应该怎样防守，某地应该怎样进攻。这种练习，使他的军事知识大大进步。

拿破仑的上级知道了他的才学之后，就将他升任为军事教官。从此，他便飞黄腾达，直到获得最高的权势。

拿破仑的成功向人们证明了一点：艰难困苦中是否能崛起，考验的是你的毅力，压力也会让人产生巨大的潜在力量，所以你要学会挑战自己、淘汰自己，让自己面对困难和挑战，这是你前进的动力。

也许在一些人看来，吃苦受累是失败的表现，诚然，经历苦难是一种痛苦，因为苦难常常会使人走投无路、寸步难行，苦难常常会使人失去生活的乐趣甚至生存的希望。但目标远大的人，通常能看到苦难背后的力量，他们甚至觉得吃苦是人生一种重要的体验和千金难买的财富。

格哈德·施罗德出生在一个工人家庭，小时候，父亲在远征苏联的战争中牺牲，施罗德兄妹五人与母亲相依为命。有一段时间，他们住在一个临时搭建的收容所里，尽管母亲每天工作长达14小时，但仍然不能应付家里的开支。年仅6岁的施罗德总是安慰母亲："别着急，妈妈，总有一天我会开着奔驰来接你的。"

逐渐长大的施罗德进了一家瓷器店当学徒，后来又在一家零售店当学徒，1963年施罗德加入了民主党。在之后的10年里，他读完了夜校和中学，后来到格廷根通过上夜大攻读法律。大学毕业后，他获得了律师执业资格证，成为一名律师，不久之后，他当选为社民党格廷根地区青年社会主义者联合会主席。在以后的日子里，施罗德一直活跃于德国政坛，46岁那年，施罗德再次竞选成功，成为萨克森州州长，就是在这一年，施罗德实现了儿时的愿望，开着银灰色奔驰轿车将母亲接走了。也许，是儿时的苦难记忆，使施罗德在人生的道路上丝毫不敢懈怠，8年之后，施罗德一举击败执政16年之久的科尔，当选为德国新总理。

童年时期的施罗德曾在杂货铺里当学徒，那时他常说的一句话是："我一定要从这里走出去！"他成功了，而且，比自己想象中走得更远。即使，成功的路上伴随着困难，但是，施罗德从来没有把困难当成一回事，儿时的记忆让他明白：自己必须忍耐贫穷生活带来的枯燥与痛苦，不断地前行，这样才能赢得成功。

我们不得不说，很多人之所以不能迈出人生的关键一步，就是因为每当他感到压力的时候，就会一蹶不振，很难把失败的惩罚当作不断前进的动力。

没有不可能，只有不想做

我们都知道，成功并非易事，在追求成功的过程中，大部分人还是失败了，获得成功的也是少数。其实只要我们保持清醒的头脑和冷静的态度，并积极思考，就能寻找到人生的突破口，开创出事业上的一片新天地。所以，对于梦想，我们首先要做的是抛弃"不可能"的想法，因为自信会让你不断努力，让你产生源源不断的动力，正如石油大王洛克菲勒曾经说过的一句话："对我来说，第二名与最后一名没有什么两样。"其次，要成功就要从小事做起，不断积累实力，向成功迈进。

高尔基有句名言:"只有满怀自信的人,才能在任何地方都把自信沉浸在生活中,并实现自己的意志。"古往今来,成功人士虽然从事不同的职业,具有不同的经历,但有一点是共同的:他们对自己都充满自信,由此激励自己自爱、自强、自主、自立。

埃及人想知道金字塔的高度,但金字塔又高又陡,测量困难,为此他们向古希腊著名哲学家泰勒斯求教,泰勒斯愉快地答应了。只见他让助手垂直立下一根标杆,不断地测量标杆影子的长度。开始时,影子很长,随着太阳渐渐升高,影子的长度越来越短,终于与标杆的长度相等了。泰勒斯急忙让助手测出金字塔影子的长度,然后告诉在场的人:这就是金子塔的高度。

那么,你们的人生高度该怎样来测算呢?实际上,无论现在的你处于什么样的境况,只要你不甘于现状,并积极为未来思考、寻找出路,就没有达不到的目标,你要相信自己,你有资格获得成功与幸福!

很多人也处于贫贱之中,为什么没能做出什么成就?如果一个人屈服于贫贱,那么贫贱将折磨他一辈子;如果一个人性格刚毅,敢于尝试,不怕冒险,他就能战胜贫贱,改变自己的命运。

1918年9月,巴顿指挥美军的坦克兵参加圣米耶勒战役。敌人的炮火稍一减弱,巴顿马上指挥大家沿山丘北面的斜坡往上冲。巴顿挥动着指挥棒,口中高声叫道:"我们赶上去吧,谁跟我一起上?"分散在斜坡上的士兵全都站起来,跟随他往上冲。他们刚冲到山顶,一阵机枪子弹就像雨点般猛射过来。大伙立即都趴在地上,几个人当场毙命。当时的情景真让人有些不寒而栗,大多数人都趴在地上一动也不敢动。望着倒在身边的尸体,巴顿大喊:"该是另一个巴顿献身的时候了!"便带头向前冲去。

只有6个人跟着他一起往前冲，但很快，他们一个接一个地倒下去，巴顿身边只剩下传令兵安吉洛。巴顿命令说："无论如何也要前进！"他又向前跑去，但没跑几步，一颗子弹击中他的左大腿，他摔倒在地，血流不止。

鉴于巴顿的杰出表现，他获得了"优异服务十字勋章"，以表彰他在战场上的勇敢表现和突出战绩。

许多时候，成功者与平庸者的区别，不在于才能的高低，而在于有没有勇气。有足够勇气的人可以过关斩将、勇往直前，平庸者则只能畏首畏尾、知难而退。爱默生说："除自己以外，没有人能哄骗你离开最后的成功。"柯瑞斯也说过："命运只帮助勇敢的人。"

我们的思维也需要做到与时俱进。有时候，可能你觉得已经进入了死胡同，但事实上，这只是你没有找到出路而已，而改变现状的方法就是运用思维的力量，思路一变方法来，想不到就没办法，想到了又非常简单，人的思维就是这样奇妙。

所以，如果你渴望成功、渴望获得荣誉，不妨从现在起，开始为你的目标积极思考吧，不要认为你办不到，不要存有消极的思想，你潜在的能力足以帮助你实现它。

当然，除了要有积极的思维方式外，成功的另一大重要因素是注重基础的积累。

有人问洛克菲勒："你成功的秘诀是什么？"他说："重视每一件小事。我是从一滴焊接剂做起的，对我来说，点滴就是大海。"的确，不关注小事或不做小事的人，很难相信他会做出什么大事。做大事的成就感和自信心是由做小事的成就感与自信心积累起来的。一切的成功者都是从小事做起，无数的细节就能改变生活。成功者之所以成功，在于他们不因为自己所做的是小事而有所倦怠。

因此，你始终要记住的是，无论你的目标有多大，你都需要从小事做起，从手头工作开始。平庸和杰出的差距就在一些细节中，这是一个细节制胜的时代，对于自己的工作无论大小，都要了解得非常透彻，数据应该非常准确，事实也应该非常真实，这样才能脚踏实地完成宏伟的目标。

很多小事，你能做，别人也能做，只是做出来的效果不一样。往往是一些细节上的工夫，决定着事情完成的质量。

毫无疑问，每个人都渴望成功。但成功要靠一步步的积累，一个人能否成就卓越，取决于他是否什么事都力求做到最好，其中自然包括那些再平凡不过的小事。事实上，会利用机会的人，往往不是那些把机会奉为神明的人，他们从不把希望寄托在机遇上，他们知道，大事业是从小处开始的，他们明白，一砖一木垒起来的楼房才有基础，一步一个脚印才能走出一条成功的道路。

总之，无论你现在从事什么工作、你的职位如何，那种大事干不了、小事又不愿干的心理都是要不得的。要知道，没有人可以一步登天，当你认真对待每一件小事时，你会发现自己的人生之路越来越广，成功的机遇也会接踵而来。能否把握细节并予以关注是一个人素质与能力的体现。

勇敢地走心中向往的那条路

我们可以说，每个人的心中，都心存梦想，都有自己向往的生活，但如果你畏首畏尾、只是幻想而不付诸实践的话，那么，你只能在一片幻想的迷途中越陷越深。因为成功与胆量有着莫大的关系，有胆量的人才有资格拥有成功。那些在取得了一点成就就安于现状、求稳的人，只能陷于平庸。有胆量、敢于破釜沉舟的人，才会置之死地而后生，实现新的突破。

事实上，"勇敢"是我们必不可少的品质。要取得成就有很多必要条件，其中非常重要的一点就是勇气。然而，我们发现，现实生活中，有这样一些人，他们刚开始时满怀理想，但在社会上打拼几年后，越发感到衣、食、住、行等实际需要的重要性，于是，在获得了一份稳定的工作之后，往往就会在时间的消耗下失去进取的锐气，无奈地满足眼前的一切。

然而，不得不承认的是，作为一个平凡的人，我们也都害怕失败、渴望成功，于是，人们在实现自己的目标与想法前，也会产生各种顾虑、迟疑不定，实际上，正是因为迟疑，才导致你开始恐惧、左思右想，最终被恐惧扰乱心境而不敢前行。在任何一个领域里，不努力去行动的人，就不会获得成功。

卡洛斯·桑塔纳是美国著名的音乐艺术家，他出生在墨西哥，17岁时随父母移居美国。

卡洛斯自幼随父学艺，很喜欢音乐，歌唱得也不错，读书时，在班里举办的歌唱大赛中，他就开始展露他的音乐天分了。

有一次，学校要举办年级歌手大赛，校方通知学生可以自由报名，但是卡洛斯没有勇气去报名，他怕别人嘲笑他，已经走到办公室门口，但还是没有勇气敲门。

就在离报名截止日期还有两天时，他的音乐老师克努森问他："卡洛斯，为什么你不去报名呢？难道你没看到报名通知吗？"

"呃，克努森先生，您知道，我成绩不好，唉……"

"是的，我看到了，你来学校之后的成绩，除了'及格'，就是'不及格'，真是太糟了。但是你的音乐成绩却很优秀，我看得出来你是个音乐天才。为什么不去报名，让别人看到你优秀的一面呢？"

随后，克努森老师语重心长地对卡洛斯说："孩子，千万要记住老师的一句话：不管你做什么，都要拿出勇气来，幸运女神的门只为有勇气的人敞开。"

老师的话给了卡洛斯极大的信心，他勇敢地走向那间办公室报了名，在比赛中用他那美妙的歌喉征服了全校的老师和同学，一举夺得年级第一的好成绩。

由于这次夺魁，卡洛斯对自己信心倍增。在以后从艺的道路上，无论遇到什么困难，他都毫不退缩、奋勇向前。付出终有收获，2000年，52岁的卡洛斯·桑塔纳成为第42届格莱美颁奖舞台上最大的赢家，独揽了包括含金量较高的格莱美年度专集奖与年度歌曲奖，至此，他共获得了8次格莱美音乐大奖，是首位步入"拉丁音乐名人堂"的摇滚音乐家。

领奖台上，卡洛斯做了一次简短的演说，述说了他对音乐的热爱，并着重强调了一点："幸运女神之门只为有勇气的人敞开，没有足够的勇气，我就不会站在这个舞台上！"

认准目标、勇往直前，是一切有识者的成功经验。敢是一种胜利，不敢就是一种失败。因为敢，你离成功很近；因为不敢，你在远离风险的同时，也错过了成功的机会，造成终生遗憾。想成为一个名副其实的赢家，你就应该大声地对懦弱和不敢说"不"。

每个人都渴望成功，然而成功并不是一条风和日丽的坦途，它需要你有一种披荆斩棘和承受厄运的勇气。勇敢的人面前才有路，是否敢于拿出勇气，往往成为成功者与失败者的分水岭。很多时候，成功的门都是虚掩着的，勇敢地去叩开成功之门，才能探寻出个究竟来。那时，呈现在你眼前的将是一片崭新的天地。

生活中，不少人渴望获得成功，开创自己的事业，但每每考虑到会有失败的可能，他们就退缩了。因为他们怕被扣上愚昧的帽子，遇到别人取笑；他们不敢否认，因为害怕自己判断失误；他们不敢向别人伸出援手，因为害怕一旦出了事情而被牵连；他们不敢暴露自己的感情，因为害怕自己被别人看穿；他们不敢爱，因为害怕要冒不被爱的风险；他们不敢尝试，因为要冒失败的风险；他们不敢希望什么，因为他们怕失望……这种可能会遇到的风险，让那些不自信的人畏首畏尾、举步维艰，他们茫然四顾，不知道自己的出路在何方。殊不知，人生中最大的冒险就是不冒险，畏首畏尾只会让自己的人生不断倒退。

总之，我们每个人都要记住一点，在现代社会，没有超人的胆识，就没有超凡的成就。在这个时代，墨守成规、缺乏勇气的人，迟早会被时代所抛弃。处处求稳，时时都给自己留有退路，这是一种看似稳妥却充满潜在危机的生存方式。而我们要想拥有自己想要的生活，就要勇敢地走心中向往的那条路。

第 3 章

用实力丰盈生命，让优秀成为骨子里的习惯

我们都知道，这是一个靠实力说话的时代，有了实力，你才会被重视；有了实力，我们也才会有成功的资本，而实力的获得就是来自积累和学习，正所谓：活到老，学到老，学习才能获得进步。一切事物随着岁月的流逝都会不断折旧，人们赖以生存的知识、技能也一样会折旧。唯有虚心学习，才能够成功掌握未来。求知与不满足是进步的第一必需品。为此，你只有从现在起，努力学习，积累知识和成功的资本，才会认识到体内所蕴藏的巨大能力，才能最终实现自己的理想。

把优秀当成一种习惯来培养

现实生活中,相信每个人都有自己的理想,并渴望成功,而最终能成功的人只不过是极少数,大多数只能与成功无缘,他们不能成功是因为他们往往空有大志却不肯低下头、弯下腰,不肯静下心来努力学习、从本职工作开始积聚力量。要知道,只有一步一个脚印,踏实、不浮躁地学习,才能成为一个优秀的人,当你把优秀当成一种习惯后,你也就离成功不远了。

爱因斯坦说:"人的价值蕴藏在人的才能之中。在天才和勤奋两者之间,我毫不迟疑地选择勤奋,她是世界上一切成就的催产婆。"如果你能做到勤奋学习、勤奋做事,你必当有所收获。事实上,当今社会更是一个需要人们不断学习的社会,知识的更新速度越来越快,曾有人说,"知识的半衰期仅为5年",也就是5年之内,掌握的知识就有一半过时。这句话无疑警示所有人,要想在当今社会生存并发展,必须不断地学习和充实自己,不断地更新自己的知识结构,继而成为一个优秀的人,否则,我们只能被时代所淘汰。

从古至今,我们发现,任何能做到99%勤奋的人最终都能取得成功。李嘉诚就是最好的例子。

有位记者曾问亚洲首富李嘉诚:"李先生,您成功靠什么?"李嘉诚毫不犹豫地回答:"靠学习,不断地学习。"不断地学习知识,是李嘉诚成功的奥秘!

李嘉诚勤于自学,在任何情况下都不忘读书。青年时打工期间,他坚持"抢学",创业期间坚持"抢学",经营自己的"商业王国"期间,仍孜孜不倦地学习。李嘉诚一天工作10多个小时,仍然坚持学英语。早在办塑料厂时就专门聘请一位私人教师每天早晨7点30分上课,上完课再去上班,天天如此。当年,懂英文的华人在香港社会是"稀有动物"。懂得英文,使李嘉诚可以直接飞往英美参加各种展销会,可直接与外籍投资顾问、银行的高层打交道。如今,李嘉诚已年逾古稀,仍爱书如命,坚持不断地读书学习。

一个人不可能随随便便成功,李嘉诚向每个渴望成功的人证明了这个道理。可能你会惊羡于李嘉诚式的成功,但做不到李嘉诚式的努力与勤奋。那么,你不妨问问自己:我做到99%的勤奋了吗?如果你的回答是否定的,那么,你就知道症结所在了。也许,有些人会说,我不够聪明。实际上,即使智慧,也源于勤奋。没有人能只依靠天分成功。自身的缺点并不可怕,可怕的是缺少勤奋的精神。勤奋面前,再艰巨的任务都可以完成,再坚定的山都会被"移走"。滴水能把石穿透,万事功到自然成。唯有勤劳才是永不枯竭的财源。

习惯一旦养成,它就是自动化的,如果你不去做反而会感觉很难受,只有做了才会感觉很舒服。因此,关于好习惯的培养,你不妨给自己订一个计划,然后记下自己执行计划的过程。那么,21天后,你将养成好习惯,坚持21天,你就会成功。坚持21天,就能改变你的意识、影响你的行为,为你带来超乎想象的成功。你又何乐而不为呢?

那么,你该怎样主动去培养那些成功的习惯呢?

1. 变懒惰为勤奋

如果你是个懒惰的人,你不妨做出以下改变:不要天天让家人给你拿碗筷;闲暇时帮家人做点家务;每天整理干净再出门,不要给人邋里邋遢的感觉。学习时,变主动为被动,积极起来……

2. 养成读书的习惯

除了你学习的书本知识外，还应多阅读课外书籍，多读书最大的好处是可以增长知识、陶冶性情、修养身心。

3. 让好奇心引导你探求知识

可能你觉得现在的你已经具备了很多知识，但事实真的如此吗？退一步讲，人生的知识并不是书本上的，你真的对周围生活和自然以及各个方面都了如指掌吗？如果你觉得自己什么都懂，你多半不是一个谦虚的人，实际上，越是知识渊博的人越觉得自己知道得少，培养好奇心也可以达到同样的效果，越是充满好奇越是对未知充满敬畏，也就越谦虚。

4. 勇于创新

骄傲自满，你将很快被超越。只有进步才能获得更强的竞争力。然而，没有创新就不可能有进步。因此，你应该将自己的求知欲望和求知兴趣激发出来，鼓励自己多参与动脑、动手、动眼、动口，让自己善于发现问题、提出问题，并尝试用自己的思路去解决问题。

5. 要有坚定的决心和持之以恒的毅力

这是老生常谈的话题，但依然重要。那么，如何做到中途不放弃？你要有良好的心态、乐观的精神和自信心。很多人选择目标后又中途放弃，就是因为觉得坚持这么久，没有成果，觉得自己做得没有用。其实，条条大路通罗马，既然选择了自己的路，就要毫不犹豫地走，一直在原地徘徊、犹豫不决，不知是否该前进，只能让时间白白流逝。

当然，任何习惯的改变和形成都是艰难的，但只要我们经历一段时间，一旦习惯形成后，它就会成为一种自动化的、潜意识的行为反应了。

读一切好书，丰盈自己的心灵

我们都知道，书是使人类进步的阶梯；书是智慧的殿堂，珍藏着人生思想的精英，是金玉良言的宝库。数学家笛卡尔说："读一本好书，就是和许多高尚的人谈话。"的确，书籍是人类进步的阶梯、是智慧的源泉，对于致力为梦想奋斗的人们来说，读书是开阔眼界、积累知识的根本方法。所以，我们需要明白，读好书也是学习的一部分，你不仅会因此开阔眼界，还能在书中培养自己宽广的胸怀。

书是知识的海洋，其实，爱上阅读并不是什么难事，关键是你要知道读什么书、怎么读书，慢慢养成良好的读书习惯，你就会爱上读书。

我国著名的马克思主义经济学家、《资本论》最早的中文翻译者王亚南，从小就酷爱读书。他在读中学时，为了争取更多的时间读书，特意把自己睡的木板床的一条脚锯短半尺，成为三脚床。每天读到深夜，疲劳时上床去睡一觉后迷糊中一翻身，床向短脚方向倾斜过去，他一下子被惊醒过来，便立刻下床，伏案夜读。天天如此，从未间断。结果他年年都取得优异的成绩，被誉为班内的"三杰"之一。

1933年，王亚南乘船去欧洲。半途中，突然刮起了大风，顿时巨浪滔天。当时，王亚男正在甲板上看书，他的眼镜已经被风吹走了，这时，他赶紧求助于旁边的服务员说："请你把我绑在这根柱子上吧！"

听到王亚南的话，服务员不禁笑了起来，他以为王亚南是害怕自己被巨浪卷到海里去。谁知道，当他真的将王亚南绑在柱子上时，王亚南居然翻开书，聚精会神地看起来。船上的外国人看见了，无不向他投来惊异的目光，连声赞叹说："啊！中国人，真了不起！"

这里，我们都应该学习王亚南的读书精神，并且逐渐在生活中培养爱读书的习惯，长此以往，你必定会爱上阅读。

曾经有人说，人的灵魂不能浅薄、庸俗、无聊，它永远在追求最高尚的东西。使之高尚的重要渠道就是读书。事实上，读书并不是刻意追求数量。的确，我们不得不承认，现在市场上充斥着各种书刊，并不是什么书都是适合我们阅读的，真正有品位、适合鉴赏的寥寥无几。

我们不妨先来看下面这则囚犯的日记。

自从穿上这身囚服，我才知道什么叫寂寞，我才发现自由是多么可贵。我仿佛有一种无法倾诉的无奈，仿佛广袤沙漠里没有一丝风。牢房里，虽然不乏各种新闻，也不乏各种话题，但我不感兴趣。环境特殊吧，彼此都害怕对方窥视自己的内心世界，所以人人都不得不心墙高筑。在这种氛围里，那份孤独就显得更加沉重和百无聊赖。

于是，为了打发时光，空余时间我便拿出书来读。刚开始，我看的是一些修养身心的书，我不急不躁、细嚼慢咽，居然读了进去。接下来，我又喜欢上了一些道德、法律方面的书，竟让我读出了心得，读出了情感。到后来，我已不光在读，而是在"听"了——听哲人谈人生道理，听名人谈生活经验，听学者对世事的看法，听强者怎样面对挫折。

时间久了，读的书多了，我才发现自己真的错了，以身试法是多么愚蠢啊！不过现在还来得及，于是，我拿起久违的笔抒发对亲人的思念、检讨曾经的得失……一篇文章的构思过程，就是一次心灵净化与充实的过程，虽然难免有忧伤、有惆怅，但却不浮躁、不空虚。曾经失落、沮丧的心绪已渐渐舒展，漫长的时光已不再无聊、不再孤寂。这是否算一种境界、一份收获？

我曾经暗叹漫长的牢狱生活，如今却发现如果能够把刑期当学期，便可以学到许多对自己有用的知识，学会在寂寞中充实自己，人生才会感到充实，才能得到许多意想不到的收获！

看完这篇日记，我们不得不感到欣慰，孤寂的牢狱生活并没有让他再次堕落，他选择了以读书来充实自己的内心。

因此，我们可以确定的是，他所读的书是能开启他正确人生之路的钥匙，在读书的过程中，心与书的交流，是一种滋润，也是内省与自察。伴随着感悟与体会，淡淡的喜悦在心头升起，浮荡的灵魂也渐归平静，让自己始终保持一份纯净而又向上的心态，不失信心地契入现实、介入生活、创造生活。

那么，我们该怎样阅读呢？为此，你需要做到如下方面。

1.去粗存精，学会挑选健康、积极、有益于自己身心发展的书刊。

在阅读这一问题上，我们并不一定要求读书的数量，而应该重质量。你可以向那些知识丰富者请教，让他们对你的阅读给出一些指导性意见。

2.注意培养自己的阅读方法

要学会带着感情阅读，这有利于培养自己的表达能力和想象力。另外，你还可以写读书笔记，表达自己的感受。另外，睡前阅读是最佳阅读时机，浅睡眠时期最容易进行无意识的记忆，因此一定要利用好这一时机。

3.将书本上的知识与生活认知结合起来

比如，在周末你读完一本关于海洋动物的书籍，就可以去海洋馆看看海豚、海豹到底是什么样子；看过植物书后，就可以去野外认识各种可爱的植物。这样就可以使阅读变得很有趣，你的读书兴趣就会逐渐建立起来。

约翰逊医生说："一个人的后半生取决于他读到的第一本书的记忆。"因此，你需要记住，如果一本书不值得去阅读，就大可不读，否则，你只是让自己装了一肚子的书，却解决不了生活中的一个小问题。对此，你可以询问父母，让父母引导自己找出喜欢并优秀的文学作品，而不是浪费时间阅读垃圾文字。

书是知识的海洋，读什么书、怎样读，都能对我们产生不同的作用，读一本好书，我们才会从书中获得真正的知识！

你学到的知识越多，成功的希望就越大

实际上，这正是生活中不少人所欠缺的，有些时候，他们总是怨天尤人，给自己制定那些虚无缥缈的终极目标。而每一个成功者，他们的成就都不是一蹴而就的，他们成功的不变因素都是努力学习。

著名政治家、科学家乔纳森·威廉斯说："不管你有多么伟大，你依然需要提升自己，如果你停滞在现有的水平上，事实上你是在倒退。"

美国前总统威尔逊，出生在一个贫苦的家庭，当他还在摇篮里牙牙学语的时候，贫穷就已经向他露出了狰狞的面孔。威尔逊10岁的时候就离开了家，在外面当了11年的学徒工，每年只能接受一个月的学校教育。

经过11年的艰辛工作之后，他已经读了1000本好书——这对一个农场里的孩子而言，是多么艰巨的任务啊！在离开农场之后，他徒步到100英里之外马萨诸塞州的内蒂克去学习皮匠手艺。

在他度过了21岁生日后的第一个月，就带着一队人马进入了人迹罕至的大森林，在那里采伐圆木。威尔逊每天都是在天际的第一抹曙光出现之前就起床，然后一直辛勤地工作到星星出来为止。在一个月夜以继日的辛劳努力之后，他获得了6美元的报酬。

在这样的穷途困境中，威尔逊暗下决心，不让任何一个发展自

我、提升自我的机会溜走。很少有人能像他一样深刻地理解闲暇时光的价值。他像抓住黄金一样紧紧地抓住了零星的时间，不让一分一秒无所作为地从指缝间白白流走。

12年之后，他在政界脱颖而出，进入国会，开始了他的政治生涯。

威尔逊是美国人乃至世界人民瞩目的对象，而他的成功，就是勤奋学习的结果。学习是向成功前进的营养元素。当今社会，竞争的日益激烈告诉我们每个人，只有知识才能改变命运，只有学习才能具备竞争力。

CNN电视台名嘴——赖瑞金曾邀请全美43位精英人士参加自己的节目，而讨论的话题是如何迎接新世纪，希望这些精英能给出一些建言。结果发现，这些精英人物提出最多次的字眼就是"改变"和"学习"。基于这些想法，赖瑞金去了一趟国会图书馆，在那些年龄足有百岁的老式报纸中，他发现，人们在100年前就给出了类似的建言，连字眼都一样。全录公司的首席科学家约翰·西里·布朗提到，将跨越21世纪的人类，首先要学会如何学习，并且学会如何喜爱学习新事物。有这样一则寓言故事，也说明了这样一个道理。

在一个漆黑的晚上，老鼠首领带领着小老鼠出外觅食，在一家人的厨房内，垃圾桶中有很多剩余的饭菜，对于老鼠来说，就好像人类发现了宝藏。

正当一大群老鼠在垃圾桶及附近范围大挖一顿之际，突然传来了一阵令它们肝胆俱裂的声音，那就是一只大花猫的叫声。它们震惊之余，四处逃命，但大花猫绝不留情，穷追不舍，终于有两只小老鼠躲避不及，被大花猫捉到，正要向它们吞噬之际，突然传来一连串凶恶的狗吠声，令大花猫手足无措，狼狈逃命。

大花猫走后，老鼠首领施施然从垃圾桶后面走出来说："我早就对你们说，多学一种语言有利无害，这次我就救了你们一命。"

这个故事提示我们："多一门技艺，多一条路。"不断学习实在是成功人士的终身承诺。

奥马尔·纳尔逊·布莱德利将军就十分注重文化素养培养。他认为"有知识素养，善于思考和处事灵活的士兵，才是最有价值的士兵"。并且他还这样说过："在西点任教，不仅使我的洞察力更为敏锐，也大大开阔了我的视野和心胸，令我变得成熟。那些年，我开始认真读书，研究军事历史和人物传记，从前人的错误中学到了很多东西。"

的确，知识就是力量，也是使人的精神变得勇敢的最好途径。对此，你可以做到以下几点。

1. 多考虑自己的现在和未来，认识到学习的重要性

实际上，我们都知道学习的重要性，但这些往往是泛泛之谈，并不能起到任何实质性的作用。一旦将这一想法与自身情况相结合，比如，根据自己的兴趣树立人生目标和理想，这一想法就具备了可实施性。

2. 树立不断学习的理念

学海无涯，知识是没有尽头的，同时，现今社会知识更新速度之快更要求你具备不断学习的理念和行动。

3. 付诸行动，坚持每天学习

任何知识的学习都需要持之以恒地坚持才能收到效果，也只有这样，才能不断拓展自己的认知度和专业度。

总之，没有哪个人可以永远独占鳌头，在瞬息万变的世界，唯有虚心学习的人才能够掌握未来，获得自己想要的成功。

每天进步一点点，总会摘取成功的果实

我们都知道，任何成果的获得都不是一朝一夕的事，都需要我们坚持不断地努力，每天进步一点点，你就会离成功更近一点。尽管你现在认为自己离成功还遥遥无期，但你通过今天的努力，积蓄了明天勇攀高峰的力量。

每天进步一点点，看似没有冲天的气魄、没有诱人的硕果、没有轰动的声势，可事实上，却体现了学习过程中一种求真务实的态度，每天进步一点点，是实现完美人生的最佳路径。

哈佛大学的老师常在课堂上对学生说："成功不是一蹴而就的，如果我们每天都能让自己进步一点点——哪怕是1%的进步，那么还有什么能阻挡我们最终走向成功呢？"的确，无论是学习还是追求成功，水滴就能石穿，每天进步一点点，并不是很大的目标，也并不难实现。也许昨天，你通过努力学习获得了可喜的成绩，但今天你必须学会超越，超越昨天的你，你才能更加进步、更加充实。人生的每一天都应该充满新鲜的东西。

现在的你可能正在从事一项简单、烦琐的工作，你感受到了前所未有的压力，感受到了自己前途渺茫，但请你记住，这才是人生的精彩之处。如果一个人的一生太幸运、太安逸了，就远离了压力的考验，反而变得毫无追求，苍白暗淡。而当你无法摆脱压力时，就应该反复对自己说："感谢生命之中的压力，这是生活对我的挑战和考验。""这是上天催促我努力学习、积极工作、奋发向上的动力。"换个角度看问题，困难和压力也会很快减轻。只要你能看到持续的力量，就能最终战胜风雨的洗礼，看到雨后绚丽多彩的霓虹。

1985年，在美国的职业篮球联赛中，洛杉矶湖人队因为前几轮的精彩表现，拿下冠军已经是手到擒来的事，但在最后的决赛时，因为

多个方面的原因，湖人队输给了波士顿的凯尔特人队，这让所有球员和教练派特·雷利十分沮丧。

派特·雷利是一名金牌教练，他不会眼看着这些球员深陷在沮丧中，为了鼓励大家重振旗鼓，他说："从今天开始，我们能不能各个方面都进步一点点，罚篮进步一点点，传球进步一点点，抢断进步一点点，篮板进步一点点，远投进步一点点，每个方面都进步一点点？"球员们不假思索地答应了他的要求。

接下来，派特·雷利带领球员们进行了为期一年的训练。这一年内，所有球员始终抱着让自己"进步一点点"的精神，不断地提高自己的球技。

终于，在第二年，也就是1986年的美国职业篮球联赛中，湖人队轻轻松松地夺得了冠军。

派特·雷利在庆功时，对所有球员说："我们今天之所以能成功，绝非偶然，当初，我说我们要做到每天进步一点点，我们一共有12位球员，有5个技术环节，每个环节我们都进步1%，所以一个球员进步了5%，全队就进步了60%，在球技上处于巅峰的湖人队，提升了60%，甚至更高，所以我们获得出人意料的成绩是理所当然的。"

看完湖人队取得成功的故事，你应该有所启示，只要你每天进步一点点就已经足够，"不进则退"，只要是在前进，无论前进的步伐多么小都无妨，但一定要比昨天前进一点点。人生也必须每天持续小小的努力，才能有所成就。

人是善于学习和思考的动物，处于变化多端的社会中，唯一不让自己落伍的方式就是学习。只有学习，才能带来创新，才能更新我们的知识储备，以此来适应更激烈的社会竞争。

巴勒斯坦境内，有两个著名的湖泊，各有各的特色。其中一个叫加黎利海，是一个很大的湖泊，水质清澈甘甜，可供人饮用，因为湖底清澈无比，连鱼儿们在水中悠游的景象也清晰可见，附近的居民更是喜欢到此处游泳和嬉戏，加黎利海的四周全是绿意盎然的田园景观，因为环境清幽，许多人将他们的住宅与别墅建在湖边，享受这个如仙境的美丽景致。

另一个名为死海，也是一个湖泊，然而，正如其名，水是咸的，而且有一种怪味道，不仅人们不敢来饮用，连鱼儿也无法在这个湖泊中生存。在它的崖边，连株小草都无法生长，人们更不会选择在这里居住。

令人好奇的是，这两个湖泊其实有一个共同的源头，后来人们发现，它们会有这么大的不同，是因为一个有接受也有出；另一个则是接受后便存留起来。原来，在加黎利海里，有入口也有出口，当约旦河流入加黎利海之后，水会继续流出，如此一来，水流不仅生生不息，也会不断地循环更换，水质自然清澈干净。至于死海则只有入口没有出口，当约旦河流入之后，水质被完全封死在海里。于是，在这个只有进没有出的湖泊中，所有的污水或废水也全部汇聚在这里，只知自私地保留己用，最后的结果便如它的名字，成为没有人愿意亲近的死海。

唯有不断流动更替的水才会充满氧气，如此鱼儿们才会有舒适的生存空间，为湖泊增添生命活力。因为肯付出，加黎利海的收获，正是干净的湖水与热闹的人潮，因为它付出了，自然会得到应有的回报。至于一味地接受而没有付出的死海，结果则是贫瘠与足迹罕至。自然界这个特殊的现象再次告诉我们：有付出才有收获。追求成功的人们，只要不吝于付出，在付出的同时，你们便能腾出新的空间，容纳新的机会。

因此，如果你哀叹自己没有能耐，只会认真地做事，那么，你应该为你的这种愚拙感到自豪。那些看起来平凡的、不起眼的工作，却能坚韧不拔地去做，坚持不懈地去做，这种持续的力量才是事业成功的最重要基石，才体现了人生的价值，才是真正的能力。

当然，在坚持的过程中，你可能也会遇到一些压力和困难，但我们要明白的是，任何危机下都存在着转机，只要我们抱着一颗感恩的心耐心等待，再坚持一下，也许转机就出现在下一秒。

学无止境，任何时候别放弃学习

关于努力学习、勤奋读书的重要性，人们已经用很多文字诠释过了，苏格兰散文家卡莱尔曾经说过这样一句话："天才就是无止境刻苦勤奋的能力"，没有艰辛，便无所获。我们每个人都要明白，真正的知识是没有尽头的，正如有句话说的："吾生也有涯，而知也无涯"。如若你想不断适应变化速度逐渐加快的现今社会，就必须学无止境，把学习当成一项终生的事业，并把这项事业贯彻到每天的生活中，如衣食住行一般。

一天，一位教授为学生授课。

即将下课时，教授对学生说："现在离下课还有几分钟，我们来做个小实验吧。"说完，他拿出一个瓶子，然后将一些拳头大小的石头放进瓶子里，直到石头已经堆到瓶口。此时，他问学生："瓶子满了吗？"

"满了。"所有的学生都回答。

他反问："真的吗？"说完，他拿来一些更小的砂石，将这些砂石都放了进去，这样，瓶内的很多空间都被砂石占满了。

"现在瓶子满了吗？"这一次学生有些明白了。"可能还没有满。"一位学生说道。

"很好!"然后,教授再拿来一些细小的沙子,这些沙子也轻松地被装到瓶子里,瓶子已经被填得满满的了。

"那么,现在,满了吗?""没满!"学生们大声说。然后教授拿来一壶水倒进瓶里直到水面与瓶口齐平。

这是一个哲理故事,它告诉所有人,人生在世,我们的内心和头脑就如同这个瓶子,很多时候,我们认为自己获得的知识、技能已经足够多了,而实际上,在瞬息万变的当今社会,真正的危险不是经验的不足,而是故步自封,跟不上时代的步伐。一个人要想成功,勇气、努力都必不可少,但更重要的是,人生路上要懂得与时俱进,要懂得不断收集各种资讯,使自己对环境和追求的事业的方向有更充分的了解。因为一个人只有了解得越多,才越有应变的能力。

同样,在追求梦想的过程中,我们也只有稳扎稳打学好各种知识,才能从容地面对各种挑战。否则,只顾吃喝玩乐、不干正事、不务正业,那么,只能"书到用时方恨少""少壮不努力,老大徒伤悲"了。

另外,在学习的过程中,你还要有善于总结的习惯,无论学习的效果怎样,只有做到及时总结,才会及时反省,尤其是对于错误和失败。要知道,成功出于从错误中学习,因为只要能从失败中学得经验,便永不会重蹈覆辙。失败不会令你一蹶不振,就像摔断腿一样,伤口总是会愈合的。大剧作家兼哲学家萧伯纳曾经写道:"成功是经过许多次的大错之后得到的。"总之,对于学习,你只有与时俱进,以高标准的要求和精益求精的态度,聚精会神抠细节,才能实现突破。

当然,学习知识并不是要求你死读书,一味地沉溺于书本知识只会使你的大脑变得僵化。

美国历史上,有位很出名的科普作家叫阿西莫夫。他从小就很聪明，在一次智商测试中，他的得分在160左右，因此，被证明是天赋极高者。而阿西莫夫本人，也一直为此自鸣得意。

一次，他遇到一位老熟人，这个人是一名汽车修理工。修理工对阿西莫夫说："嗨，博士！今天我也来测测你的智商，看你能不能回答出我的问题。"

阿西莫夫点头同意。修理工便开始出题："有一位既聋又哑的人，来到五金商店，准备买一些钉子，不能说话的他只好用手势来表达自己的意思，他对售货员做了这样一个手势：左手两根指头立在柜台上，右手握成拳头做出敲击的样子。售货员见状，先给他拿来一把锤子，聋哑人摇摇头，指了指立着的那两根指头，于是售货员就明白了，聋哑人想买的是钉子。聋哑人买完钉子，刚走出商店，接着进来一位盲人。这位盲人想买一把剪刀，请问：盲人将会怎样做？"

顺着修理工给出的思路，阿西莫夫顺口答道："盲人肯定会这样。"边说，边进行了一些示范，他伸出食指和中指，做出剪刀的形状。汽车修理工一听笑了："哈哈，你答错了吧！盲人想买剪刀，只需开口说'我买剪刀'就行了，他干吗要做手势呀？"

智商160的阿西莫夫，顿时哑口无言，不得不承认自己确实是个"笨蛋"。而那位汽车修理工人却继续说："在考你之前，我就料定你肯定要答错，因为你受的教育太多了，不可能很聪明。"

这里，修理工所说的"你受的教育太多了，不可能很聪明"，并不是因为学的知识多了人反而变笨了，而是因为人的知识和经验多，会在头脑中形成思维定式。

固定的思维方式容易把人的思维引入歧途，也会给生活与事业带来消极影响。要改变这种思维定式，需要随着形势的发展不断调整、改变自己的行动。任何一个有创造成就的人，都是战胜常规思维的高手。

世上没有绝对的成功，只有不断地努力，才能让你的成功之路走得更快更远。生活中的人们，从现在起努力吧。一个人的工作也许有完成的一天，但一个人的学习却没有终止。

总之，终身学习能帮助我们不断拓展自己的学习领域，开拓自己的知识视野。孔子说："好学近乎知（智）。"学习是一种习惯，终身学习则是一种理念。一个人一旦树立起终身学习的理念，就会认同"万事皆有可学"这个道理。伟大的成功和辛勤的劳动总是成正比的，有一分劳动就有一分收获，日积月累，奇迹就可以创造出来，这是绝对的真理。只有勤奋才是最高尚的，才能给人带来真正的幸福和乐趣。我们要坚定"奋斗不息，学习不止"的信念，日复一日，沿着知识的阶梯步步登高，养成丰富自己、重视学习的习惯。

与时俱进，要提高思维变通能力

生活中，人们常说，"物竞天择，适者生存"，这是自然界生物进化的基本规律。在这个变化、竞争的时代，如果你能适应这种变局，你就是生活的强者，反之，就会面临巨大的危险。如果不能适应变化、竞争，无论你看起来多么强大，都会有被淘汰的危险。其实谁都明白这个道理，谁都想从残酷的竞争中脱颖而出，成为时代的强者。但真正做起来却很难，这需要你及时调整思维、头脑灵活，积极适应不断变化的外界环境。

有一位身材矮小、相貌平平的青年叫卡纳奇。一天早晨，卡纳奇到达办公室的时候，发现一辆被毁的车身阻塞了铁路线，使得该区段的交通运输陷于混乱与瘫痪。最糟的是，他的上司、该段段长司哥特又不在现场。

作为只是送信的仆役，卡纳奇面对这种分外的事情该怎么办呢？守职的办法是，或者立即想办法通知司哥特，让他来处理；或者坐在办公室里干自己分内的事。这是既能保全自己职业，又不至于冒风险的做法。因为调动车辆的命令只有司哥特段长才能下达，他人越权有可能受处分或被革职。但此时货车已全部停滞、载客的特快列车也因此延误了开出的时间，乘客们十分焦急。

经过认真、反复思考后，卡纳奇将自己的职业与名声弃之一边，他破坏了铁路最严格的规则中的一条，果断地处理了调车领导的电报，并在电文下面签上司哥特的名字。当段长司哥特来到现场时，交通已疏通，所有的事情都有条不紊地进行着。他起先是一惊，但终于一句话也没有说。

事后，卡纳奇从旁人口中得知司哥特对于这一意外事件的处理感到非常满意，他由衷地感谢卡纳奇在关键时刻的果敢、正确行为。

这件事对貌不惊人，甚至有点丑陋的卡纳奇来说是一个关系终生的转折点。此后，他被提升为段长。

可见，灵活处世、善于变通的人，勇于向一切规则挑战，敢于突破常规，因而他们往往可以赢得他人所无法得到的胜利。

"与时俱进"一词，相信我们都耳熟能详，这个成语的含义是，无论做什么都要懂得变通，毕竟我们所生活的时代每天都在变化，守旧的思维模式只能让我们被时代抛弃。事实上，自古以来，人类的进步就是因为能做到与时俱进，以及思维的创新，可以说，人类如果故步自封，只会停滞不前。同样，作为单个人，能不能做到思维上的与时俱进，直接关系到一个人的事业成败，因为只有创新才能激活自己全身的能量。

诚然，在激烈的社会竞争中，是离不开胆魄、勇气、意志力的，需要思想和智慧。没有头脑的人，一旦遇到阻碍，就会为自己设置一个"不可能"的思维模式。事实上，只要你转换一下思维，拓宽自己的思路，其实，出路就在眼前。

其次，你需要敢于开拓和尝试。变通思维是创造性思维的一种形式，是创造力在行为上的一种表现。思维具有变通性的人，遇事能够举一反三、闻一知十，做到触类旁通，因而能产生种种超常的构思，提出与众不同的新观念。科学领域中的任何建树，都需要以思维的变通为前提。一般来说，变通思维用好了，就会起到一种"柳暗花明"的奇妙作用。

在漫长的人生旅途中，每个人不能不面对变化，不能不面对选择。学会变通，不仅是做人之诀窍，也是做事之诀窍。那么，你该怎样提高自己的思维变通能力呢？

1. 关注前沿信息，更新观念

日常工作中，你除了努力工作外，在学习的同时，还要关注时事新闻，关注周围世界的变化，这样，你才能逐步更新自己的观念和强化自己的变革意识。

2. 学会变通要有勇气应对变化

勇气的作用就是调动起自己全部的能力去迎接变化和挑战。一个人想学会变通，首先必须鼓足勇气，勇气是人的一种非凡力量。它虽然不能具体地去处理某个问题，克服某种困难，但这种精神和心态却能唤醒你心中的潜能，帮助你应对一切变化和困难。

3. 学会变通，要有信心开发潜能

所谓信心，就是一种心态潜能。拥有信心，你是一个充满能量的人，你有信心克服困难，有信心获得成功。那么，你身上的一切能力都会为你的信心去努力，你也就有可能成为你希望成为的那样；反之，如果你缺乏信心去努力，总以为自己没有能力去做这一切，那么，你的一切能力也就会随之沉寂，自然你就成为一个没有能力的人。

4.学会变通要善于改变自己的思维定式

人的思维方式，常常出现两大定式：一是直线型思维，不会拐弯抹角，不会逆向思维和发散思维；二是复制型思维，常以过去的经验为参照，不容易接受新事物。

实践证明，不管你是否觉察到，不管你是否愿意，每个人时时刻刻都在寻求变通，所不同的是，善于变通的人越变越好，而不善于变通的人越变越差。我们只要掌握了变通之道，就会应对各种变化，在变化中寻找到机会，在变化中取得成功。有人说，生活其实就是一面变幻莫测的魔镜，看你想如何看待。如果你总是想着生活不如意，那么不顺心的事就会像妖魔出洞一样向你袭来；如果你能适应变化的环境，调控好自己的情绪，变幻的魔镜将会使你摆脱挫折、越过障碍、远离烦恼。迎接你的将是灿烂的阳光，美丽的鲜花。你的心情也将随之变得轻松愉悦。

如果你希望自己能适应现在的工作、生活乃至整个社会环境，你需要明白"适者生存"这个道理，并要积极思考、随时调整自己。只有这样，你的梦想和目标才会在社会大潮中成活，你才会收获成功和幸福！

第 4 章

沉默不是原地踏步，有目标才能向美好未来迈进

我们都知道，梦想的实现并不是一蹴而就的，而是建立在阶段性的目标基础上的，需要以奋斗为基石，所以我们需要制订目标和计划，有了计划和目标，我们的行动才有指引作用。就连那些指挥作战的军事家在战斗打响前，也都会制订几套作战方案；企业家在产品投放市场前，也会制订一系列的市场营销计划。我们无论做什么也是如此，目标是实现最终成功的必由之路，否则，一切都是空谈、都是泡影，只有在清晰目标的指引下，我们才能一步步朝着梦想迈进。

心中有方向，脚下才有路

在韩国首尔大学，有这样一句校训："只要开始，永远不晚。人生最关键的不是你目前所处的位置，而是迈出下一步的方向。"这句话的含义是，任何理想不经过实践和行动的证明，都将是空想。只要你心有方向，立即行动，任何理想都有实现的可能；相反，没有方向的路，走得再多也是徒劳，为此，我们能看出目标在我们追求理想的过程中的指引作用。

追求梦想的过程不是一帆风顺的，无数成功者为了自己的理想和事业，竭尽全力，奋斗不息。孔子周游列国，四处碰壁，乃悟出《春秋》；左氏失明后方写出《左传》；孙膑断足后，终修《孙膑兵法》；司马迁蒙冤入狱，坚持完成了《史记》；伟人们在失败和困顿中，永不屈服、立志奋斗，终于达到成功的彼岸。而当今社会，有很多人却以失败告终，为什么呢？很多人把问题归结于外在，比如，时运不济、天资不够等，持这种观点的人，只看到问题，却看不到解决问题的方法；只看到困难，却看不到自己的力量；只知道哀叹，却不去尝试解决问题。这样的人永远都不可能成功。

唐朝贞观年间有个和尚，要到西天去取经。他需要一匹马，长安城有一匹马，平时在大街上驮东西，被和尚选中之后，就准备去西域取经。这匹马有个很好的朋友，是头驴子。平时驴子都在磨坊里面磨麦子。这匹马临走之前就跟它的好朋友道别。道别完就走了，一走就是17年。17年之后这匹马驮着满满的佛经回到了长安城。他们受到了英雄般的欢迎。这匹马也一举成名。这匹马就回到它当年的好朋友驴子的磨坊里，发现驴子还在。它们两个一起诉说17年的分别之情。这匹马就跟这头驴子讲它这17年的所见所闻。见了非常浩瀚的沙漠、一望无边的大海；去过一条连木头都浮不起来的黑水河；去过只有女人没有男人的女儿国；去过鸡蛋放到石头上就能煮熟的火焰山。

讲了很多很多。这头驴子听完流着口水说："你的经历可真丰富呀！我连想都不敢想！"这匹马接着讲："我走的这17年你是不是还在磨麦子呀？"这头驴子说："是呀！"这匹马就问它："那你每天磨多少小时呀？"这头驴子说8小时。马说："我和唐大师当年，平均每天也走8小时，这17年我走的路程和你走的路程是差不多的。可是当年我们朝着一个非常遥远的目标走去，这个目标有多遥远，我们根本看不到边，可是我们方向明确，始终朝着目标迈进，最后终于修成正果。"

我们在笑话驴子的同时，是否也应该反省一下自己呢？实际上，很多人，就过着如同故事中的驴子一般的生活，每天工作8小时，每天都重复着同样的工作，每天的工作都是在原地转圈圈，毫无建设性的进展。就这样安于现状，10年、20年之后，当周围的人已经步入成功的殿堂，他还在原地打转。而有些人，不甘于围着磨盘打转，他们有梦想有目标，并且认准目标就一直向前，即使因为种种原因走了弯路，但是大方向是不变的，因为梦想在前方牵引着他们，他们知道，那才是他们的终点。

可见，我们每个人都应该明白一个道理：说一尺不如行一寸，只有行动才能缩短自己与目标之间的距离，只有行动才能把理想变为现实。成功的人都把少说话、多做事奉为行动的准则，通过脚踏实地的行动，达成内心的愿望。但任何行动，如果没有一个明确的指引方向，都是无意义的。

而实际生活中，很多人因为无法承担追求梦想带来的困难和痛苦，就追求安稳的生活，每天两点一线，上班、回家、回家、上班，逐渐对梦想失去激情，当他们看到他人风光无限或是衣食富足时，又嫉妒得要命。天上不会掉馅饼，即使掉了也不一定会砸到你的头上，凡事有因才有果，你付出了才能有回报，甘于现状、不思进取却又企望富贵发达，这就是"白日做梦"。

为此，为成功奋斗的人们，从现在起，只需树立一个正确的理念，并调动你所有的潜能加以运用，便能带你脱离平庸的人群，步入精英的行列！你需要记住以下几点。

1. 关注未来，不要满足于现状

独具慧眼的人，往往具备人们所说的野心，是不会为了眼前的蝇头小利而放弃追求梦想的愿望，他们一般是用极有远见的目光关注未来。

2. 为自己拟订各种阶段的目标与规划

长期目标（5年、10年或15年）：这个目标会指引你前进的方向，因此，这个目标能否制订好，将决定你很长一段时间是否在做有用功。当然，长期目标还要求我们不可拘泥于小节。东西离你越远，就显得越不重要。

中期目标（1~5年）：也许你希望自己拥有房子、车子、升职等，这些就属于中期目标。

短期目标（1~12个月）：这些目标就好比一场淘汰制比赛中的首先胜出，它能鼓舞你不断努力、不断前进。这些目标提示你，成功和回报就在前方，你要鼓足干劲，努力争取。

即期目标（1~30天）：一般来说，这是最好的目标。它们是你每天、每周都要确定的目标。每天当你睁开眼醒来时，你就需要告诉自己：今天相对于昨天，我要达到什么样的突破，而当你有所进步时，它能不断地给你带来幸福感和成就感。

3. 不要把梦停留在"想"上

梦想可以燃起一个人的所有激情和全部潜能，载他抵达辉煌的彼岸。但有了梦想，不要把"梦"停留在"想"上，一定要付诸行动，制订目标，这才可以带给你真正需要的方向感。

诚然，我们渴望成功，都有自己的梦想，但梦想并不是参天大树，而是一颗小种子，需要你去播种、去耕耘；梦想不是一片沃土，而是一片荒芜之地，需要你在上面栽种上绿色。如果你想成为社会的有用之材，你就要"闻鸡起舞"，甚至需要"笨鸟先飞"；如果你想著出精神之作，就需要呕心沥血……梦想的成功是建立在阶段性目标基础上的，需要以奋斗为基石，如果你要实现你心中的那个梦想，就行动起来吧，去为之努力、为之奋斗，这样你的理想才会实现，才会成为现实。

做梦和梦想，你选择哪一个

在现实生活中，我们不难发现一种现象：很多成功人士并不是高学历者，那些高学历者也并不一定都能成功，这是为什么呢？其实，这与他们对待梦想的态度和行为不无关系。低学历者更注重实践，为了目标，他们制订好计划，然后一步一个脚印地努力；而一些高学历者则太过注重理论知识，这种现象在开放的社会已经较为普遍，我们并不是说这是一种必然，但从一个侧面可以看到，光想不做是不会有好结果的。

曾经有哲人说过，"梦想指引我们飞升"。我们都知道梦想的伟大力量，但把梦想变为现实只有一个方法，那就是行动。

如果你希望自己成为一名成功者，那么，从现在开始，你就要放下空想，给自己规划一个详细的人生目标，并按照自己现有的条件去为之奋斗。只要你这么想了，也这么做了，那么你的人生最终就是成功的。否则，你永远只能"做梦"，而无法实现"梦想"。

美国第十六任总统亚伯拉罕·林肯于1809年诞生于美国肯塔基州一个荒凉的农场里。林肯15岁才开始读书认字，每天他要走4英里的森林小道去上学，当时的他连算术书都买不起，只好向别人借，再用信纸大小的纸片抄下来，然后用麻线缝合，自制一本算术书。

林肯在学校学习的时间都是不定期的，知识都是一点点串联起来的，实际上，他接受的学校教育时间仅有12个月。但林肯坚持自学，他下田工作的时候，也将书带在身边，一有空闲就看书。中午吃饭时，也是一手拿着玉米饼，一手捧书。他在被提名为总统候选人以后，曾说："我能够达到这一点小成果，完全是日后应各种需要，时时自修取得的知识。"林肯由一个贫穷的孩子成长为统率美国的政治家的历程，深深地打动了我们，他成功的关键在于奋发向上、努力不懈、迎接生活的挑战。林肯做到了，也成功了。

林肯只是一个成功的典范，和他一样，出生在贫困的环境中，通过自己的努力成就一番傲人事业的伟人有很多，可以说榜样的例子无处不在。命运掌握在我们自己手里，是成功还是碌碌无为，取决于我们自己。

也许现在的你也有很多梦想，你可能希望自己有朝一日成为著名企业家、人民教师、歌唱家等，但无论如何，你要知道，理想不同于妄想和幻想，目标要切实可行，行动要脚踏实地。这样，你离你的梦想就不远了。

看古今中外历史上的每一个伟人，都拥有超前的思想和超凡的行动力，并通过发挥自己的优势而赢得荣誉。一句话，行动促就梦想。说一尺不如行一寸，也只有行动才能缩短自己与目标之间的距离，只有行动才能把理想变为现实。

要知道,没有人会随随便便成功,要成功,就要突破,就不能安于现状。做到突破,就要从现在开始,一步一个脚印,逐步提高自己、抓紧时间、奋斗进取,你就能拼搏出属于自己的一片天地。同时,当你跨过人生的沟坎之后,你会发现,原来,一切困难不过是前进路上的小石子,轻轻一踢,它们就滚开了。

的确,"空谈误国,实干兴邦"。大到国家,小到个人,万事万物都要由小到大。或许你现在做着看似不着边、没有前景的工作。但我们要坚信,事物发展的道路是迂回曲折的,巴纳德说过:"机会只偏爱那些有准备的人。"成功的秘诀在于开始着手。现在就采取行动,绝不拖延,行动高于一切!

"一切用行动说话",这是我们每个人应该记住的,仅仅有理想是不够的,理想必须付诸行动,如果没有行动,那理想永远只是空想,只是空中楼阁、海市蜃楼,那么遥不可及。

一般而论,我们的基础打得越扎实,成长、成功的空间就越高。只有将基层工作了解透了、做事到位了,才能开始做比较复杂和难度较大的工作,这就是循序渐进。

要从基层做起,要遵循如下三个方法。

1. 调整心态

年轻人就业从基层做起,有一个调整心态的问题。有的年轻人对从基层做起的观念不屑一顾,认为自己是干大事业的,这种就业心态需要调整。想干大事业,同从基层做起并不矛盾,把基层的小事情做好,就能为今后干大事业打好基础,因此,你一定要培养自己乐于从基层做起的心态,只有心态调整好了,才能在基层领域增长知识和才干。

2. 耐得住寂寞

基层工作大多是琐碎的、重复的,很难给人以快乐和挑战的感受，产品研发人员在生产车间了解产品生产工艺流程是琐碎的，营销员拜访客户是重复的，因此，年轻人还要培养耐得住寂寞的职业操守，只有耐得住寂寞的人，才能在基层工作中有所学习、有所积累，才能赢得未来的职业生涯发展。

3. 积累经验

很多企业要求员工从基层做起，其目的是积累基层工作经验。积累基层工作经验是最有价值的，它如同建造职业生涯大厦的基石，因此，作为职场新人，要有意识地在企业的基层过程中积累经验，为未来职业生涯发展奠定基础。这无疑是职业生涯的大智慧。

现在就开始规划未来的幸福生活吧

我们都知道，任何一个有理想、有追求、有上进心的人，一定都有一个明确的奋斗目标，他懂得自己活着是为了什么。因而他的所有努力，从整体上来说都能围绕一个比较长远的目标进行，他知道自己怎样做是正确的、有用的，否则就是做了无用功，或浪费了时间和生命。显然，成功者总是那些有目标的人，鲜花和荣誉从来不会降临到那些没有目标的人的头上。

所以，我们每个人都应该早励志，要尽早为未来的幸福生活做打算，你要想成为自己想成为的模样，就要趁早努力。因为目标是一切成就的起点。一个人，只有确立了前进的目标，才会最大限度地发挥自己的潜力。除此之外，努力是实现目标的唯一途径，只有不断努力，我们才能检验出自己的创造性，才能锻炼自己、造就自己。

松下幸之助曾经是大阪电灯公司的一名职员，并且，一干就是7年，后来，松下考虑到，如果继续下去，这一生很可能就这样庸庸碌碌地过去。他一想到这里，谋求自立的勇气就越发坚定。也正是考虑到这一点，松下离开这家公司时，就少了很多依恋、不舍和不安。

但自立也并不如想象中的那么简单，松下虽然遭遇到很多困难，但总算能够把事业继续下去，而有幸不必重回大阪电灯公司工作。后来公司日趋茁壮，但他的想法并无丝毫改变。有人这样问松下："松下先生，如果你的事业失败的话，你打算怎么办？"

松下毫不考虑地回答："真到了那个时候我就去卖面包。我一定要做出好吃的面包让客人大饱口福。"

有人说，人生是一个不断积累的过程，要想获得幸福，要想成为你想成为的人，从现在开始就要努力，就要树立一个切实可行的目标，制订奋斗的目标，然后勇敢地去执行，相信你定能收获一个丰富多彩的人生。松下幸之助的故事告诉我们，要想改变当下的状态，就要尽早规划未来，开始突破。

在很多渴望成功的人眼里，石油大王洛克菲勒也是他们学习的榜样。他能从一无所有到拥有现在的商业帝国是一个传奇，但事实上，这却是他持之以恒、积极奋斗的回报，是命运之神对他艰苦付出的奖赏。他曾对自己的儿子说过这样一句话："我们的命运由我们的行动决定，而绝非完全由我们的出身决定。"我们也需要记住，一个人的命运如何，是掌握在自己手里的，出身只能决定我们的起点，不能决定我们的终点，对此，洛克菲勒的人生轨迹可以加以证明。

幼年时的洛克菲勒就开始随着父母过着动荡不安的生活，他们总是搬迁。到他11岁时，父亲因一桩诉讼案而出逃。此后，年仅11岁的洛克菲勒就担起了家里生活的重担。

后来，对知识的渴望，让他在商业专科学校学习了三个月，在学了会计和银行学之后，就辍学了。

出了学校的洛克菲勒，刚开始在休伊特-塔特尔公司做会计助理。在工作中，他始终不忘学习。每次，当休伊特和塔特尔讨论有关出纳的问题时，洛克菲勒总是认真倾听，从中汲取知识。另外，洛克菲勒在这家公司从业期间，为公司带来不少效益，赢得了老板的赏识。

洛克菲勒很细心，每次在公司交水电费的时候，他都要逐项核查后才付款。而老板只看总金额，很快，洛克菲勒获得了老板的信任。

有一次，公司高价购买的大理石有瑕疵，洛克菲勒巧妙地为公司索回赔偿。休伊特很欣赏他，就给他加了薪。

后来，洛克菲勒从一则新闻报道中得知由于气候原因英国农作物大面积减产。于是他建议老板大量收购粮食和火腿，老板听从了他的建议。公司因此获取了巨额的利润。

成绩斐然的洛克菲勒要求加薪，遭到了休伊特的拒绝。于是，洛克菲勒离开公司决定创业。洛克菲勒只有800美元，而创办一家谷物牧草经纪公司至少需要4000美元。于是他和克拉克合伙创业，每人各出2000美元。洛克菲勒想办法筹集了1200美元，终于凑够了2000美元。这一年，美国中西部遭受了霜灾，农民要求以来年的谷物做抵押，请求洛克菲勒的公司为他们支付定金。公司没有那么多资金，洛克菲勒从银行贷款，满足了农民的需要。经过一年的苦心经营，他获利4000美元。

如今，洛克菲勒中心的53层摩天大楼坐落在美国纽约第五大道上。这里也是标准石油公司的所在地。标准石油公司创立之初（1870年）仅有5个人，而今天该公司拥有股东30万，油轮500多艘，年收入已达五六百亿美元，可以说，这里的一举一动都牵动着国际石油市场的每一根神经。

洛克菲勒的人生就是从一个周薪只有5元钱的簿记员开始的，但经由不懈的奋斗却建立了一个令人艳羡的石油王国。洛克菲勒的成功并不是神话，他只是更懂得用行动和智慧来经营人生，他有一双发现机会的慧眼。他从为别人打工开始，就显示出了与众不同的智慧。

这个真实的故事再次使我们坚信：一个人的心中如果在年轻时就树立了目标，并坚持不懈地为之努力，那么，他一定会是一位成功的人。

人只有树立了目标，内心的力量和头脑的智慧才会找到方向。目标是对于所期望成就的事业的真正决心。如果一个人没有目标，就只能在人生的旅途上徘徊，永远到不了任何地方。正如空气对于生命一样，目标对于成功也是绝对的必要。如果没有空气，人就不能生存；如果没有目标，没有任何人能成功。

所以，如果你希望在未来过上幸福的生活，从现在开始，你就要早做打算、早做努力。并且，再也不要让那些消极的思想左右自己了，不要认为自己年纪大，不要认为自己愚笨，成为一个积极向上的人，培养自己的热忱，找到自己的目标，我们就能为现在的自己做一个准确的定位，就能实现自己的人生目标。

有些路太难走，是因为你没有找到捷径

我们可以承认的一点是，几乎人人都有自己的梦想，但最终能实现的人并不多，一些人满腔热血，制订了充足的计划，更勇于执行，但却处处碰壁，最终未能实现目标；也有一些人发现，追求梦想和实现目标的过程实在太艰难，甚至产生了放弃的念头，其实，之所以出现这两种情况，是因为他们束缚了自己的思维，有时候，只要你能化繁为简，是能找到通往成功的捷径的。

卡曾斯说："把时间用在思考上是最能节省时间的。"这是一句非常有哲理的话。通俗的说法是做事要动脑子，对一件事情分析认识

得不透彻，就很难找到正确的方法，不能对症下药，自然就无法在最短的时间内到达目的地，可以说思考是调高效能唯一的捷径。因此，无论是学习、工作还是追求梦想，我们都要多动脑，从而以最快的速度解决问题，达成目的。

在美国加州，有一家老牌饭店——柯特大饭店。

曾经，这家饭店的老板准备筹建一个新式电梯，他重金聘来世界各地的著名建筑师和工程师，希望他们能一起解决这个建筑问题。

不得不承认的是，这些建筑师和工程师的经验是丰富的，他们根据自己的经验提出，要改造电梯，饭店就必须停止营运，而这一点，实在让老板很苦恼，这意味着饭店将要遭受经济上的损失。

他问："难道就没有别的方法了吗？"

"是的，我们一致认为，再也没有比这更好的方法了，饭店要停止营运半年，对于经济上的损失，我们也很难过……"建筑师和工程师坚持说。

就在老板为此头疼的时候，饭店一个年轻的清洁工说出了一句惊人的话："难道非要把电梯安在大楼里吗，外面不可以？"

"多么好的方法啊！我们怎么没有想到呢？"工程师和建筑师听了，顿时诧异得说不出话来。

很快，这家饭店采用了年轻人的计策——屋外装设了一部新电梯，而这就是建筑史上的第一部观光电梯。

这位年轻人为什么能提出与众不同却又巧妙绝伦的解决难题的方法？因为他能跳出专家的固定思维。的确，在建筑师和工程师看来，电梯就应该安装在房间内部，却想不到电梯也可以安装在室外。

所以，我们要看到思维的力量，我们也应该锻炼自己的头脑，扩展自己的眼光和思维。因为这是一个脑力制胜的年代，谁的想法更高明、更有效，谁就更高效能地做事，也更容易提升自己的价值。很多时候，一个金点子，花费不多，却拥有点石成金的力量。只有看到别人看不到的东西的人，才能做到别人做不到的事。灵活的头脑和卓越的思维为我们提供了这种本领，深入地洞察每一个对象，就能在有限的空间成就一番可观的事业。

事实上，我们无论做什么事，都要有灵光的头脑，善于创造性思维，不能钻牛角尖。这条路走不通，不妨转换一下思维，何不尝试反过来思考，先找出问题的本质？思维一变天地宽，勤思考，善于逆向、转向和多向思维的人，总能找出解决问题的方法，总能以最少的力气，取得最满意的效果。

事实上，生活中，很多人之所以在某些事情上失败，就是因为他们一直在做无用功。如果你也是个不爱动脑的人，那么，你不妨试着学会思考，就会发现积极思考的惊人力量，任何困难和失败均能通过它来解决，即使是那些杂乱无章的事情，只要你运用思考的力量，就会将它们一一捋顺。思考不是"无用功"的代名词，而是"节能、省力"的法宝，因为它能以积极的思维去摆脱困境、化解难题。

在美国乡村，有个老头和他的儿子相依为命。

一天，一个人找到老头说要将他的儿子带去城里工作，老人愤怒地拒绝了这个人的要求。这个人又说："如果你答应我带他走，我就能让洛克菲勒的女儿成为你的儿媳，你看怎么样？"老头想了又想，终于被儿子能当"洛克菲勒女婿"这件事情说动了。这个人精心打扮后，找到了美国首富、石油大王洛克菲勒，对他说："尊敬的洛克菲勒先生，我想给你的女儿找个对象。"洛克菲勒说："快滚出去吧！"这个人又说："如果我给你女儿找的对象是世界银行的副总裁呢？"于是洛克菲勒就同意了。最后，这个人找到了世界银行总裁，对他说："尊敬的总裁先生，你应该马上任命一位副总裁！"总裁先生摇着头说："不可能，这里这么多副总裁，我为什么还要任命一位副总裁呢，而且必须马上？"这个人说："如果你任命的这个副总裁是洛克菲勒的女婿呢？"总裁立刻答应了。

在这个人的努力下，那个乡下小子不但娶了洛克菲勒的女儿，也成了世界银行的副总裁。

这是一个财富故事，苏格拉底说过，真正高明的人，就是能够借助别人的智慧，来使自己不受蒙蔽，那个乡下小子之所以能成为世界银行的副总裁，还能娶到克洛菲勒的女儿，就是因为他找到了通往成功的捷径，让他由一个穷苦的乡下人摇身一变成为众人羡慕的贵族。

曾有人说，头脑是一切竞争的核心，因为它不仅会催生出创意，指导实施，更会在根本上决定成功。更让我们没有意识到的是，思维决定行动，我们做事的效能如何，也取决于我们的思维活动。因此，思维是改变外界事物的原动力，如果你希望改变自己的状况，获得进步，那么首先要从改变思维开始。而我们在寻找解决方法时往往倾向于把事情考虑得过于复杂，其实事情的本质是很单纯的。表面上看很复杂的事情，也是由若干简单因素组合而成。

总之，面对看似杂乱无章的事情，只要你能开动大脑、跳出习惯的思维框框，就能抓住问题的实质，得出异乎寻常的答案。

好高骛远，不如脚踏实地

关于未来，可能不少人都有很多幻想，人们豪气万丈、为自己编织着美好的未来，或希望自己成为某个行业的精英，或拥有自己的事业等。人们被灌输理想对人生的作用和价值，树立理想是好事，它可以匡正你的言行，让你的努力有一条明晰的主线，但无论如何，你要记住，只有脚踏实地才是实现梦想的唯一途径，对理想的憧憬，千万别过了头。

如果你每天把大把的时间花在了展望自己的未来上，而不制订实现梦想的计划，那么，你的梦想最终只会遥遥无期。

爱因斯坦曾说："人的价值蕴藏在人的才能之中。在天才和勤奋两者之间，我毫不迟疑地选择勤奋，她是几乎世界上一切成就的催产婆。"梦想的实现是一个过程，是将勤奋和努力融入每天的生活中、工作和学习中，它没有捷径，它需要脚踏实地。

著名的心理学教授丹尼尔·吉尔伯特认为，当一个人憧憬未来，在他看来，他似乎已经经历了那种美好，但实际上，这不过是一个想象的黑洞，是虚无的。的确，对于未来的过分憧憬，反而会抹杀自己对未来更为可靠的理性预测。

没有人可以在脱离行动之外就能收获成功，真正的喜悦也是来自实践过的经历。哈佛大学的心理学家认为，当人们尝试着估计自己能从未来的经历中获得多大的乐趣时，他们已经错了。人生只有经历过，才能品味出真实的味道，也只有脚踏实地地看待生活，才会活出自我。

一直以来，人们都赞赏那些有伟大梦想、眼光长远的人，但很多人在憧憬未来时，难免有几分浮躁之气。有时候，当事情还没做到一半时，他们就认为自己已经大功告成，开始飘飘然了。因此，我们需要记住的是，急功近利，只讲速度，不讲质量，看不起眼前的小事，认为如此做不出什么名堂来，没有什么意义。

著名的夏普电视机生产于日本的早川电机公司，这家公司的董事长早川德次是个命途多舛的人。就在他还在读小学二年级时，父亲就去世了，他不得不辍学去一家首饰加工店当童工。

早川是个坚强的人，在他很小的时候，他就告诉自己，即便没有长辈疼爱，也一定要努力生活、做出成绩。后来，他去做童工，这段日子是艰辛的,他在一家首饰店打工,不但要带孩子,还得做体力活。时间过得很快,一晃四年过去了。有一次,小早川终于鼓起勇气向老板提出:"老板,请您教我一些做首饰的手工好吗?"

老板一听,生气地对他说:"小孩子,你能干什么呢?你喜欢学的话,自己去学好了!"

早川一想,是啊,为什么要靠别人,自己去学吧,于是,从那以后,他开始留心店里的技术活,尤其是当老板找他帮忙时,他都尽量多看、多想,这样,他终于靠自己的努力学到了一些关于工作上的知识和技能。

功夫不负有心人,他成为一个耳聪目明的人,18岁他就发明了裤带用的金属夹子,22岁时发明了自动笔。他有了发明,老板便资助他开了一家小工厂。

世界没有给他任何东西,但他却给世界很多。30岁时,在他赚到1000万日元以后,就把目标转向收音机界,创立早川电机公司。

早川德次为什么能够成功?因为他能够从零学起,能把梦想归于实践。

因此,不管你的梦想多么高远,先做触手可及的小事。梦想是一个大目标,你需要做的是完成每天的小目标,这样,你朝大目标就进了一步,每进一步,你就会增加一份快乐、热忱与自信,你就会消除一份恐惧,你就会更踏实,就会从积极的思考进展成为积极的领悟,那么,就没有一件事情可以阻挡得了你。

知识和能力、经验的积累,都像建造房子,从砖到墙、从墙到梁,是一个循序渐进的过程,任何能力和知识的得来也不是一蹴而就的,也不是下了决心就能获得的,这是一个长期的过程。

我们关于梦想的勾勒应该是这样的:我目前拥有什么?我从哪里做起才能让自己的生活发生一些正面的变化?

在生活中，可能你也看到不少人一夜成名，但如果细究一下，就会发现，他们的成功绝不是偶然的，正如有人说的："没有人能随随便便成功。"他们为了实现梦想早已投入无数心血，打好坚固的基础了。相反，也有一些人，他们雄心壮志、誓要成就一番事业，但终其一生却碌碌无为、两手空空。差异产生的原因就在于行动，从身边的小事做起、注重实践，就会出现意想不到的机遇。

因此，我们需要明白的是，梦想的实现，需要你一步一个脚印地积累。因为进步是一点一滴不断努力得来的。我们需要从现在起，树立最适合自己的、切合实际的梦想，才能达到激发潜能、成功人生的目的。

规划清晰，成功才会多一分胜算

古人云："凡事预则立，不预则废。"大到国家，小到个人，做事的时候都必须有计划，只有做到缜密行事、步步为营，才能让成功多一分胜算，但凡要把一件事情做好，一般都要经历资料收集、深入调查、分析研究、给出结论这样一个过程。

诚然，我们已经肯定了理想和愿望在追求成功的道路上的重要性，我们趁早立志，要为未来奋斗，不要让未来的你讨厌现在的自己，要不断为自己设置更高的标准，只有这样，才能取得令人满意的出色成果。但我们需要明白的是，这一愿望的实现必须有一个清晰的规划，要考虑周全。

很久以前，在黄河岸边，有一座村庄，这座村庄的农民经常受到黄河水患的祸害。于是，为了防治水患，农民们筑起了巍峨的长堤。

一天，一个老农在大堤上发现有好几个蚂蚁窝，老农心想，这些蚂蚁窝会不会对黄河大堤产生一些负面影响呢？于是，他把自己的担忧告诉了儿子和村里人，但他们听后不以为然地说："那么坚固的长堤，还害怕几只小小蚂蚁吗？"于是，老农也放心地耕地去了。

谁知道，当天晚上就下起了大雨，黄河水暴涨。咆哮的河水从蚂蚁窝始而渗透，继而喷射，终于冲决长堤，淹没了沿岸的大片村庄和田野。

这就是"千里之堤，溃于蚁穴"这个成语的来历。在我们生活的周围，我们发现，经常发生因为细节上的欠缺考虑而导致"满盘皆输"的后果。这告诉我们，在实现梦想的过程中，我们要做到思虑周全，忽略细节容易导致功亏一篑。当然，做好生活中的每一件小事并不容易。

生活中，我们不少人始终改不了粗心的毛病，思考问题时，思路紊乱、东拉西扯，始终稀里糊涂；生活中也是粗心大意。结果只能是，事情做不到尽善尽美。长此以往，也就形成了一些不良的行事习惯，成功更加遥遥无期。

可能你会天真地认为，那些小问题怎么会影响大局呢？的确，只是一些细节问题，比如，一个小数点，但你要明白，一个小数点的遗漏不仅会影响一道题的演算结果，甚至会影响一笔巨大的投资款项。因此，从现在起，你一定要培养自己关注细节的习惯，一件事情，如果你做到了99%，就差1%，也许就是这点细微的区别会导致你无法实现突破。

的确，没有条理、做事没有秩序的人，无论做哪一种事业都没有功效可言。而有条理、有秩序的人即使才能平庸，他的事业也往往会取得相当的成就。

拿破仑是一位传奇人物，这位军事天才一生之中都在征战，曾多次创造以少胜多的著名战役，至今仍被各国军校奉为经典教例。然而，1812年的一场失败却改变了他的命运，从此法兰西第一帝国一蹶不振逐渐走向衰亡。

1812年5月9日，在欧洲大陆上取得了一系列辉煌胜利的拿破仑离开巴黎，率领浩浩荡荡的60万大军远征俄罗斯。法军凭借先进的战法、猛烈的炮火长驱直入，在短短的几个月内直捣莫斯科城。然而，当法国人入城之后，市中心燃起了熊熊大火，莫斯科城的四分之一被烧毁，6000多幢房屋化为灰烬。俄国沙皇亚历山大采取了坚壁清野的措施，使远离本土的法军陷入粮荒之中，即使在莫斯科，也找不到干草和燕麦，大批军马死亡，许多大炮因无马匹驮运不得不毁弃。几周后，寒冷的天气给拿破仑大军带来了致命的诅咒。在饥寒交迫下，1812年冬天，拿破仑大军被迫从莫斯科撤退，沿途大批士兵被活活冻死，到12月初，60万拿破仑大军只剩不到1万。

关于这场战役失败的原因众说纷纭，但谁又能想到是小小的军装纽扣起着关键的作用呢？原来拿破仑征俄大军的制服，采用的都是锡制纽扣，而在寒冷的气候中，锡制纽扣会发生化学变化成为粉末。由于衣服上没有了纽扣，数十万拿破仑大军在寒风暴雪中形同敞胸露怀，许多人被活活冻死，还有一些人因得病而死。

拿破仑的失败，正验证了人们说的"成也细节，败也细节"，细节能带来成功，同时也能导致失败。细节就好比精密仪器上一个细微的零部件，虽然只是一个细小的组成部分，但是却起着重要的作用，一旦这个"零部件"出错，那就意味着全盘皆输。

曾经，有位管理专家一针见血地指出，从手中溜走1%的不合格，到用户手中就是100%的不合格。为此，员工要自觉地由被动管理到主动工作，让规章制度成为每位职工的自觉行为，把事故苗头消灭在萌芽之中。也曾有位商界名家将"做事没有条理"列为许多公司失败的一大重要原因。

也许每个人心中，都有一个伟大的梦想，但成功并不是一蹴而就的，没有人能随随便便成功，这就要求你形成周密的思维习惯，做事没有条理，同时又想把蛋糕做大，这是不可能的。只有步步为营、严谨行事，才能做到更有条理、更有效率。

要想把事情做到最好，你必须在心中为自己设定一个严格的标准，并且，在做事时，你一定要按照这个标准来执行，绝不能马虎；另外，在做任何一项决策前，一定要思虑周全，并做广泛的调查论证，同时广泛征求意见，尽量把可能发生的情况考虑进去，以尽可能避免出现哪怕1%的漏洞，直至达到预期效果。

走真正适合你的路，或许就能成功

我们都知道，不是所有人都能事业成功、获得财富，他们必定有着一些常人没有的撒手锏，当然，就外在实力而言，资金雄厚、人脉广博、技术先进更容易获得成功。而从内在因素考虑，那些乐观、勤奋、思维灵活、诚实、讲信用的人更容易获得成功。

如果你也拥有上述内在品质和能力，那么，你一定会获得成功，即使只有一部分，那么，你也比他人更容易获得机遇的垂青。

然而，又有人会问，如果我什么都不具备呢？其实，成功是没有固定模式的，只要你能走一条与众不同的道路，机会总是有的。

松下幸之助曾说，人生成功的诀窍在于经营自己的长处，经营长处能使自己的人生增值；否则，必将使自己的人生贬值。他还说，一个卖牛奶卖得非常火爆的人就是成功，你没有资格看不起他，除非你能证明你卖得比他更好。一般来说，很多人的成功，首先得益于他们充分了解自己的长处，根据自己的特长来规划人生。可以说，埃里森在读书这一点上并不擅长，但他擅长推销、擅长培养人才，他就是一个特立独行的创业者。

甲骨文公司的创建者埃里森是个出身卑微的人，他于1944年出生在曼哈顿，他的未婚妈妈只有19岁。埃里森由舅舅一家抚养，在芝加哥犹太区中下阶层长大，那时贫富的差别巨大。

在埃里森的记忆里，只与母亲见过一面，知道她是犹太人，而埃里森从未见过他的父亲，从读书时代开始，或许是因为身世的关系，埃里森的坏脾气臭名远扬，"骄傲、专横、爱打嘴仗"成了埃里森的代名词。

埃里森先后读了三所大学，但没有拿到一张文凭，从学校进入社会，他又做了十几份工作，没有哪一份工作是他热爱的，直到32岁，埃里森才凭借1200美元起家，创造出"甲骨文奇迹"。

埃里森很擅长推销产品，除了推销产品，他还懂得更聪明地为产品的市场环境造势。他到处宣传关系数据库的概念，称其可以加快数据处理效率，容纳和管理更多的数据。与此同时，每次埃里森做推介演讲时，题目经常是"关于数据库技术的缺陷"，然后就介绍甲骨文是如何解决这些问题的，当场演示，让人们印象深刻。可以说，埃里森成功靠的不仅是技术，更多的是市场推销。

埃里森懂得抢先占领市场的重要性：研制产品并将其卖出去是最主要的事情，其余的事情都不重要。他的发展策略是：拼命向前冲，拼命兜售ORACLE的产品，扩大其市场占有率。

他培养了一批"狼性"十足的销售人员。这些人员的竞争本能得到了最大限度的调动，继而转化为不可思议的战斗力，最终转化为不可思议的业绩。ORACLE的销售部门不是一个"懦夫待的地方"，它是一个竞技场。疯狂追逐胜利的"疯子"在ORACLE会成为吃香的人，发挥平常的人则不受待见，甚至被迫卷铺盖走人。

这就是埃里森的精神，他的成就是，2007年福布斯全球富豪榜第11名，上榜资产215亿美元。

尺有所短，寸有所长。一个人也是这样，你这方面弱一些，在其他方面可能就强一些，这本是情理之中的事情，找到自己的优势和承认自己的不足一样，都是一种智慧。其实每个人都有自己的可取之处。比如，你也许不如同事长得漂亮，但你却有一双灵巧的手，能做出各种可爱的小工艺品；比如，你现在的工资可能没有大学同学的工资高，不过你的发展前途比他的好，等等。

奥托·瓦拉赫是诺贝尔化学奖获得者，他的成才极富传奇色彩。

瓦拉赫读中学时，父母为他选择的是一条文学之路，不料一个学期下来，老师为他写下了这样的评语："瓦拉赫很用功，但过分拘泥，这样的人即使有着完美的品德，也绝不可能在文学上发挥出来。"

无奈之下，父母只好尊重儿子的意见，让他改学油画。可瓦拉赫既不善于构图，又不会润色，对艺术的理解力也不强，成绩在班上是倒数第一，老师的评语更是令人难以接受："你是绘画艺术方面的不可造就之才。"

面对如此"笨拙"的学生，绝大部分老师认为他已成才无望，只有化学老师认为他做事一丝不苟，具备做好化学实验应有的品格，建议他试学化学。

父母接受了化学老师的建议。于是，瓦拉赫智慧的火花一下被点着了。文学艺术的"不可造就之才"一下子变成了公认的化学方面的"前程远大的高才生"。在同类学生中，他遥遥领先……

可见，成功是多元的，没有贵贱之分，适合自己的、自己擅长的就是最好的，也便是成功的。瓦拉赫的成功，说明这样一个道理：人的智能发展都是不均衡的，都有智能的强点和弱点，人一旦找到自己智能的最佳点，使智能潜力得到充分的发挥，便可取得惊人的成绩。这一现象被称为"瓦拉赫效应"。幸运之神就是那样垂青于忠于自己长处的人。

成功学专家A.罗宾曾在《唤醒心中的巨人》一书中非常诚恳地说过："每个人都是天才，他们身上都有着与众不同的才能，这一才能就如同一位熟睡的巨人，等待我们去为他敲响沉睡的钟声……上天也是公平的，不会亏待任何一个人，他给我们每个人以无穷的机会去充分发挥所长……这份才能，只要我们能支取，并加以利用，就能改变自己的人生。只要下决心改变，那么，长久以来的美梦便可以实现。"

所以，我们要知道，一个人在这个世界上，最重要的不是认清他人，而是先看清自己，了解自己的优点与缺点、长处与不足等。明确这一点，就是充分认识了自己的优势与劣势，容易在实践中发挥比较优势，否则，无法发现自己的不足，就会使你沿着一条错误的道路越走越远，而你的长处，却被你搁浅，你的能力与优势也就受到限制，甚至使自己的劣势更加阻碍自己，使自己处于不利的地位。所以，从某种意义上说，是否认清自己的优势，是一个人能否取得成功的关键。

当然，要想发展自身的优势，首先要做到对自我价值的肯定，这不但有助于我们在工作中保持正面的积极态度，进而转换成积极的行动，而且对迈向成功意义非凡。

第 5 章

心中有希望的种子，方可守住生命中的那盏心灯

自古至今，大凡成功者，无不具备一项品质，那就是拥有不被打倒的意志力。他们总是满怀希望，因此，即使他们跌倒了，还会爬起来，跌倒一百次，他们会爬起来一百次，终有一天，他们取得了胜利的果实。的确，对于任何人来说，每一种创伤，都是一种成熟，无论是成长还是成功，都离不开失败的历练，跌倒了并不可怕，关键是我们要在心中种下希望的种子，只要你满怀希望地坚持下去，不可能也会变为可能。

心中有梦想，也要为梦想而改变

我们都知道，每个人都有巨大的潜能，而潜能就藏于人的潜意识之中。人的潜意识对于人的身体和力量，有着令人难以置信的影响。唯有长久的欲望和动机，人的潜意识才能被激发出来。而人的梦想就是人的欲望和动机的来源。

生活中，面对梦想，有些人慨叹：其实我并不喜欢现在的生活，我有自己的梦想……谈了一大堆的计划、一大堆的梦想，可是，最后他们并没有去实践，如果问原因，他们还会摇摇头说：不行啊，无奈啊，没办法啊……真的有那么无奈吗？既然无力改变又何必总是埋怨？如果埋怨、不满，又为何不去努力改变？

当你对工作、对生活有了最初的梦想，你是不是能够大胆地去实践？还是仅仅把它作为一个遥不可及的梦想，最后只能默默地埋藏在心底，到老了才感到莫大的遗憾？

一个人不愿改变自己，往往是舍不得放弃目前的安逸状况。而当你发觉不改变是不行的时候，你已经失去了很多宝贵的机会。任何成功都源于改变自己，你只有不断地剥落自己身上守旧的缺点，才能做到敢为人先，才能抓住第一个机会，才能实现自己的进步、完善、成长和成熟。

我们大多数人都与梦想渐行渐远。为什么呢？因为我们都认为梦想终归是梦想，只把它当成遥不可及、无法实现的目标，始终没有为梦想做出改变，并且，他们能找出很多自己的理由，比如，我没有足够的资金开创自己的事业；我的学历不高；竞争太激烈，做这个太冒险了；我没有时间；我的家人不支持我……没有足够的资金、没有学历、没有这个那个，其实都是缺乏意志力的人为自己找的冠冕堂皇的借口。别忘了那句最常听说却最容易忽略的话：事在人为。

其实，我们每个人都应该为梦想而努力，只要想做，并坚信自己能成功，那么你就能成功。这正是行动的力量。世界著名博士贝尔曾说过这么一段至理名言："想着成功，看看成功，心中便有一股力量催促你迈向期望的目标，当水到渠成的时候，你就可以支配环境了。"

凯斯特是一名普通的汽车修理工，生活虽然勉强过得去，但离自己的理想还差得很远，他希望换一份待遇更好的工作。有一次，他听说底特律一家汽车维修公司在招工，便决定前去试一试。他星期日下午到达底特律，面试的时间是在星期一。

吃过晚饭，他独自坐在旅馆的房间中，想了很多，把自己经历过的事情都在脑海中回忆了一遍。突然间，他感到一种莫名的烦恼：自己并不是一个智商低下的人，为什么至今依然一事无成，毫无出息呢？

他取出纸笔，写下了4位自己认识多年、薪水比自己高、工作比自己好的朋友的名字。其中两位曾是他的邻居，现在已经搬到高级住宅区了，另外两位是他以前的老板。他扪心自问：与这4个人相比，除了工作以外，自己还有什么地方不如他们呢？是聪明才智吗？凭良心说，他们实在不比自己高明多少。经过很长时间的反思，他终于悟出了问题的症结所在——自己的性格有缺陷。在这方面，他不得不承认比他们差了一大截。

虽然已是深夜3点了，但他的头脑却出奇的清醒。觉得自己第一次看清了自己，发现了很多自己在性格方面的缺陷，例如，爱冲动、自卑，不能平等地与人交往等。

整个晚上，他都坐在那儿自我检讨。他发现自懂事以来，自己就是一个极不自信、妄自菲薄、不思进取、得过且过的人；他总是认为自己无法成功，也从不认为能够改变自己性格的缺陷。

于是，他痛下决心，自此以后，绝不再有不如别人的想法，绝不再自贬身价，一定要完善自己的性格缺陷，弥补自己在这方面的不足。

第二天早晨，他满怀自信地前去面试，顺利地被录用了。在他看来，他之所以能得到那份工作，与前一晚的感悟以及重新树立起的这份自信不无关系。

在走马上任的两年内，凯斯特逐渐建立起了好名声，人人都认为他是一个乐观、机智、主动、热情的人。在后来的经济不景气中，每个人的情绪都受到了考验。此时，凯斯特已是同行业中少数可以做生意的人之一了。公司进行重组时，分给了凯斯特可观的股份，并且加了薪水。

可见，勇敢地尝试新事物、做出改变，可以帮助我们发现新的机会，迈进从未进入的领域。生命原本是充满机会的，千万别因放弃尝试而错过机会。

事实证明，如果能够跨越传统思维障碍，掌握变通的艺术，就能应对各种变化，在变化中寻找机会，在变化中获取利益。在我们的生命中，有时候必须做出困难的决定，开始一个更新的过程。只要我们愿意放下旧的包袱、愿意学习新的技能，我们就能发挥自己的潜能、创造新的未来。我们需要的是自我改革的勇气与再生的决心。

另外，在你进行尝试时，难免会产生一种"不可能"的念头，对此，你必须从心理上超越它，只有这样，你才能站在更高的位置上，低头俯视你的问题。可见，对于梦想，如果你不敢改变现在的生活，没有超人的胆识，就不会有超凡的成功。

信念具有无坚不摧的力量

也许在我们每个人的心中，都希望自己拥有完美的事业，当然，最终结果却并非如此，当你问他们为什么没有实现自己的梦想时，他们又能找出一大堆原因，其实，这都是他们的借口而已，最为根本的原因只不过是缺乏信念。

行为和情感都源于信念，要想根除促成情感和行为产生的信念，就要问自己根除它的原因。对于那些你认为无法做到的事，为什么不问问自己为什么呢？其实，只要细想，你就知道，你认为的"不可能"，都是在自欺欺人而已，你低估了自己的能力，只要你懂得扭转内心那些阻碍进取的信念，就能变消极为积极，实现自己的目标。

在强有力的信念之下，是能带来奇迹的，信念能使人们的力量倍增，如果失去信念，我们将一事无成。所以，当我们遇到困难时，要在心中建立一个成功的信念，这样，我们就能努力看到事情的光明面，然后用乐观的态度去寻找方法，将困难解决。

世界酒店大王希尔顿，用少量资本创业起家，有人问他成功的秘诀，他说了两个字——"信心"。

美国前总统里根在接受《成功》杂志采访时说："创业者若抱有无比的自信心，就可以缔造一个美好的未来。"

只要有成功的强烈愿望，他人便会更容易相信你的能力，你也会得到更多的锻炼机会，更容易成为一个有能力的人。

目标有时遥遥无期，总也望不到头。你也许正在艰难中坚持却疲倦不已，如果这时放弃，以前的努力都将白费，所花的心血都是徒劳；而只要再坚持一会儿，再加一把劲儿，眼前就有可能别有洞天、豁然开朗。当你拨开迷雾重见阳光的一刹那，你会觉得所经历的苦和累都是值得的。

总之，信念是一种无坚不摧的力量，当你坚信自己能成功时，你必能成功，许多人一事无成，就是因为他们低估了自己的能力，妄自菲薄，以致缩小了自己的成就。信心能使人产生勇气，成功的契机，是建立在自己的信心和勇气上，以信心克服所有的障碍。

摆脱自卑，是人生的第一课

心理学家认为，一个人如果自惭形秽，那他就不会成为一个美人；如果他不相信自己的能力，那他就永远不会是事业上的成功者。从这个意义上说，如果你是个自卑的人，那么，你有必要铲除自卑意识这颗毒瘤。自卑形成的原因有很多，比如，我们的外貌、身体缺陷、家庭环境、某方面的能力欠缺等，但总的来说，这些负面的想法都会堆积在我们的潜意识中，而潜意识拥有无穷的力量，并且不易被你察觉。所以，自卑意识的产生并非一日之寒，需要我们逐步更正，逐步建立自信。

因此，自卑感并不是变态的象征，而是个人在追求优越地位时一种正常的发展过程。但如果能以自卑感为前提，寻求卓越，那么，我们是能实现自我超越和获得成就的。我们每个人要想获得快乐和成功，首先要做的就是超越自身某方面不足带来的自卑感。

1929年下半年的某一天，美国青年奥斯卡在中南部的俄克拉荷马州首府俄克拉荷马城的火车站上等候火车往东边去。他在气温高达43摄氏度的西部沙漠已经待了好几个月，他正在为一家东方公司勘探石油。奥斯卡毕业于麻省理工学院。据说他已把旧式探矿杖、电流计、磁力计、示波器、电子管和其他仪器结合成勘探石油的新式仪器。现在奥斯卡得知，他所在的公司因无力偿付债务而破产。奥斯卡踏上了归途。他失业了，前景相当暗淡。消极的心态开始极大地影响他。由于他必须在火车站等待几小时，他就决定在那儿架起他的探测仪器用以消磨时间。仪器上的读数表明车站地下蕴藏有石油。但奥斯卡不相信这一切，他在盛怒中踢毁了那些仪器。"这里不可能有那么多石油！这里不可能有那么多石油！"他十分失望地反复叫着。

奥斯卡由于失业的挫折，深受消极心态的影响。他一直寻找的机会就躺在他的脚下，但是他不肯承认，他对自己的能力失去了信心。那天，奥斯卡在俄克拉荷马城火车站登上火车前，把他用以勘探石油的新式仪器毁弃了，他也丢掉了一个全美最富饶的石油矿藏地。

不久之后，人们就发现俄克拉荷马城地下埋有石油，甚至可以毫不夸张地说，这座城就建在石油上。

对自己充满信心，是成功的重要原则之一。检验你的信心如何，要看在你最需要的时候是否应用了它。奥斯卡由于心中没有蕴藏着自信，所以发现不了近在咫尺的矿藏。

心理专家指出，人们自卑感的产生，很多时候是消极暗示的产物，也就是说，反过来，我们多给自己积极的暗示，是可以增强自信心的。

自卑不仅是一种情绪，也是一种长期存在的心理状态。有自卑心理的人，在行走于世的过程中，他们的心理包袱会越来越重，直至被压得喘不过气。它会让人心情低沉，郁郁寡欢。因为不能正确看待自己、评价自己，他们常害怕别人看不起自己而不愿与人交往，也不愿参与竞争，只想远离人群，他们缺少朋友，甚至自疚、自责；他们做事缺乏信心，没有自信、优柔寡断、毫无竞争意识，享受不到成功的喜悦和欢乐，因而感到疲惫、心灰意冷。

因此，要消除自卑感，首先就需要我们看到自己的独特之处。每个人都是完全不同的个体，没有人是一无是处的，自信是一种认知的开始，通过自我观照，才能了解自己的专长、能力和才华，这样，你的自信便会不断储备，自卑也就无处遁形。

曾有这样一个小故事：有一个女孩名叫芳，长相平平，在美女如云的班级里，她只是一棵不起眼的小草儿；成绩平平，无法让视分数如宝儿的老师青睐；除了会写几首浪漫小诗给自己看外，没其他特别突出的技能，不会唱歌，也不会跳舞。芳心里很寂寞，没有男孩追，没有同学和她做朋友。

有一天清晨，她拉开门，惊讶地发现门口摆着一束娇艳欲滴的红玫瑰，旁边还有一张小小的卡片。她迅速地将花和卡片拿回房间，轻轻地打开卡片。上面有几行字，是这样写的：

其实一直以来我都想对你说一声：我喜欢你，但没有勇气，因为你的一切让我深感自卑。你那平静如水的眼神，你优美的文笔，你高雅的气质，让我很难忘记。所以，我只能默默地看着你。——一个喜欢你的男生

芳的心怦怦直跳，没想到自己还有那么多的优点，自己原来并不是一个毫不起眼的人啊！从那以后，芳开始主动和同学交谈，成绩也渐渐上升，慢慢地，老师和同学都很喜欢她。高中毕业以后，她考上了大学，凭着那份自信，她在学校中尽情发挥自己的才能，赢得许多男生的追求。大学毕业后找了一份很满意的工作，并且有了一个深爱她的丈夫。

芳一直有个心愿，就是找出那个给她送花的人，想感谢他让她重新找回了自信，要不是那束花，或许现在的一切都是希望和等待。有一天，无意间，她听到她爸妈的谈话。妈妈说："当年你想的招儿还真有用，一束玫瑰花就改变了她的生活。"

芳不禁愕然，怪不得那字看起来像被人故意用宋体写的，但一束玫瑰花的作用真有那么大吗？不，是自信改变了芳的生活。

美国著名心理学家基恩小时候经历过一件让他终生难忘的事，正是这件事使得基恩从自卑走向了自信，也正是这种自信，使他一步步走向成功。

如果一个人在社会生活中，把自己看作低人一等、没有价值，那么，他就会产生自卑感，做事缺乏胜任的信心，没有主动性和积极性，其结果，无论做什么事情都难以保证质量。

绝处逢生，绝境之中总是蕴藏希望

当今社会，任何人要想在竞争中脱颖而出，都不能忽视思维的力量，那些头脑灵活、拥有思想的人在这个社会更有打拼的出路。因为打拼的过程中，谁都会遇到难题，只有开发大脑，做到运筹帷幄，才能解决现下的难题。

1906年11月，本田宗一郎出生在日本荒僻的兵库县的一个贫穷家庭。由于家庭贫穷，9个孩子中有5个因营养不良而早夭。

本田上学的时候非常喜欢逃课，这让他的父亲伤透了脑筋。用本田自己的话说："那种正规的教育真是让人厌恶！"但是，对于学校的实验课，他却非常喜欢，所以他经常逃课去别的班级上他们的实验课。早期的这种富于探索的精神，为他以后的事业奠定了良好的基础。

后来，本田创立了自己的摩托车制造公司。当时摩托车行业已经趋于饱和，但是他没有畏惧，依然硬着脑袋挤了进去。在5年内，他打败了250个竞争对手，实现了儿时制造更先进的摩托车的梦想。当然，这期间，他经历了一系列失败。

当本田成功的时候，他说："回首我的工作，我感到我除了错误，一系列失败、一系列后悔外什么也没有做。但是有一点使我很自豪，虽然我接连犯错，但这些错误和失败都不是同一原因造成的。这使我在失败中学到了很多东西。"

本田总结道："企业家必须善于瞄准不可能的目标和拥有失败的自由。"这句话言简意赅地阐明了做大事的人所必须拥有的心态，对很多人产生了深远的影响。

本田的成功经历告诉我们，人生没有一帆风顺，经历挫折和失败并不可怕，可怕的是因为害怕而放弃了希望。只有那些把挫折和失败当成动因并从中学到一些东西的人，才会接近成功。因为心态是决定事业成功的奠基石，未来的路我们谁都无法预料，我们能做的就是放平心态、锁紧目标、攻克形形色色的困难。

华罗庚是我国著名的数学家。然而，华罗庚小的时候，并不聪明，学习成绩也很不好。正因为如此，他在小学毕业时，只拿到一张修业证书，而不是毕业证书。进入中学后，他的数学成绩还是很差，通过补考，才勉强及格。

那时候，很多同学都笑话他，甚至说他是"笨蛋""废物"，但这并没有让华罗庚自卑，相反，他暗暗下定决心：我一定可以，我的数学成绩日后一定能提高。他也相信自己能做到。他的自信产生了巨大的力量。他知道自己比别人笨，就用笨鸟先飞的方法，别人学习一小时，他就学习两小时，最终获得了巨大的成功。

华罗庚在数学上的成就来自自我鼓励和自信的力量。一个人若要获得成功、活出精彩的人生，首先要战胜自己、战胜怯弱、战胜自卑！

在追求梦想的过程中，你是否也遇到了令你头疼的难题呢？可能你也会选择放弃。

那么，在困境中，我们该如何运用思维的力量呢？

1. 充分预测困难，做好准备

无论做什么事情，都需要专注，如勇敢、拼搏等，但在朝着这个目标努力的过程中，会有很多困难接踵而至。如果你在做事之初没有准备好，那么这样的突袭很容易使你的意志溃不成军。所以在做每件事情之前，你要充分预测可能遇到的阻碍，并为之做好准备，想到应对的办法。

2. 全局思考

很多时候，问题的出现是因为人们局限了自己的思维，如果你能走出思维的死胡同，从全局考虑的话，就能找到真正的症结所在。

3. 自我暗示和自我激励

当你遇到困难并想放弃时，你不妨闭上眼睛、调整呼吸，然后有意识地鼓励自己，平心静气地思考，静心才能有所收获。

可见，在这个世界上，从来没有绝对的失败。在现实生活中，不退缩、不怯懦、善于改变思路的人总能给自己赢得机遇，在成功无望的时候创造出柳暗花明的奇迹。

苦难能吞噬弱者，更能造就强者

我们都知道，在人生的道路上，困难和挫折是难免的，尤其是希望做出一番成就的人，更要有心理准备，人生的起起伏伏，我们无法预料，但是有一点我们一定要牢牢记住：绝境能吞噬弱者，也能造就强者。当你遇到逆境时，千万不要忧郁沮丧，无论发生什么事情，无论你有多么痛苦，都不要整天沉溺于其中无法自拔，不要让痛苦占据你的心灵。即便身处绝境，我们也要有勇气直面困难并且做到一直向前，那么，你终将战胜困难、走出困境。

人们常说"置之死地而后生"。为什么生命在"死地"却能"后生"？就是因为"死地"给了人巨大的压力，并由此转化成了动力。没有这种"死地"的压力，又哪有"后生"的动力？这一点，也向我们证明了困境的激励作用。

杰克·韦尔奇在全球享有盛名，他被誉为"全球第一CEO""最受尊敬的CEO""美国当代最成功、最伟大的企业家之一"。

每个人的成长过程中总有一些回忆，韦尔奇也有，他曾经这样回忆自己的一段经历："我是个自信的人，但我也有缺乏自信的时候，我记得那是1953年的秋天，那是我上马萨诸塞大学的第一周，我很想家，我想母亲，我住不惯学校。我的母亲是个很爱孩子的女人，她从家要开三小时车才能到我的学校，但她经常不辞劳苦地来看我，给我打气。"

面对沮丧的儿子，母亲说："你看看你周围的这些同学，他们也是离家很远，但他们却没有你这么想家，你要努力，表现得要比他们还出色。"尽管韦尔奇当时并不是很出色。

母亲的这番话确实对韦尔奇产生了作用，不到一个星期，韦尔奇就振作起来了，他信心十足地融入周围同学中，并且在第一学期的期末考试中，他的成绩还不错。

对于韦尔奇来说，母亲的这番话是有力的，因此，他受到了极大的鼓舞。

从韦尔奇的经历中，我们应该有所启发：人生没有过不去的坎，跌倒了再爬起来，重新整理好自己，勇敢地迎接挑战，就能赢得属于自己的辉煌。

科学家贝佛里奇也曾说过："人们最出色的工作往往在处于逆境的情况下做出。思想上的压力，甚至肉体上的痛苦都可能成为精神上的兴奋剂。"因此可以说，挫折是造就人才的一种特殊环境。"自古英雄多磨难。"历史上许多仁人志士在与挫折斗争中做出了不平凡的业绩。因此,渴望成功的人们,任何时候都不要放弃希望,哪怕处于人生的绝境中,只要你抱有希望,就能绝处逢生。

当我们面临考验之际,往往以为已经到了绝境,但此时,不妨静下心来想一想,难道真的没有机会了吗?当然不,只要你满怀希望,就会发现,你所经受的只是一个考验,考验过去就是光明、就是成功。

有一个穷人为农场主做事。有一次,穷人在擦桌子时不小心打碎了农场主一只十分珍贵的花瓶。

农场主向穷人索赔,穷人哪里赔得起。被逼无奈,只好去教堂向神父讨主意。神父说:"听说有一种能将破碎的花瓶粘起来的技术,你不如去学这种技术,只要将农场主的花瓶粘得完好如初,不就可以了。"

穷人听了直摇头,说:"哪里会有这样神奇的技术?将一只破花瓶粘得完好如初,这是不可能的。"神父说:"这样吧,教堂后面有个石壁,上帝就待在那里,只要你对着石壁大声说话,上帝就会回答你的。"

于是,穷人来到石壁前,对石壁说:"上帝请您帮助我,只要您帮助我,我相信我能将花瓶粘好。"话音刚落,上帝就回答了他:"能将花瓶粘好,能将花瓶粘好……"

穷人听后希望倍增、信心百倍,于是辞别神父,去学粘花瓶的技术了。

一年以后,穷人通过认真的学习和不懈的努力,终于掌握了将破花瓶粘得天衣无缝的本领。他真的将那只破花瓶粘得像没破碎时一般,还给了农场主,所以他要感谢上帝。神父将他领到了那块石壁前,笑着说:"你不用感谢上帝,你要感谢就感谢你自己。其实这里根本就没有上帝,这块石壁只不过是块回音壁,你所听到的上帝的声音,其实就是你自己的声音。你就是你自己的上帝。"

和故事中的穷人一样,身处困境时,你要记住,没有人能解救你,除了自己拯救自己。其实每个人都有拯救自己的能力,许多人走不出人生或大或小的阴影,是因为他们没有耐心找准方向坚持走下去,直到眼前出现新的洞天。

法国作家巴尔扎克说:"挫折就像一块石头,对于弱者来说是绊脚石,让你怯步不前;而对于强者来说却是垫脚石,使你站得更高。"只有抱着崇高的生活目的,树立崇高人生理想,并自觉地在挫折中磨炼、在挫折中奋起、在挫折中追求的人,才有希望成为生活的强者。

艰难困苦对每个人都一样公平

我们都知道,人生路上,挫折总是难免的,在追求梦想的过程中更是如此,我们得到的不可能全是掌声和鲜花、成功和荣誉,更多的是泪水和挫折,而我们只有树立正确的挫折观,才能增强自己的抗挫折能力。事实上,艰难困苦对于每个人来说都是一样的公平,我们只有经历一些失败,才能逐渐增强心理承受能力。面对日后人生路上的种种失败,生活中的种种不如意,也就不会一蹶不振。

事实上,人生本来就是一场面对种种困难的"无休止挑战",也是多事多难的"漫长战役",这场战役必须由我们亲身经历,其他人是无法代替的。你若总是缺乏主动性和信心,那么,你的这场人生之战终将失败。

曾经有个1周岁左右的小男孩,被年轻的妈妈牵着小手来到公园的广场前,这个广场上,有个高高的台阶,母亲原本准备牵着小男孩上台阶,但没想到的是,这个小男孩居然挣开了母亲的手,要自己爬上去。

然而,台阶实在太高了,当他爬了几个阶梯以后,他觉得很害怕,就回头看妈妈,结果妈妈还是站在原地,也没有要抱他的意思,只是给了他一个鼓励的眼神。于是,他回过头来继续爬,尽管很吃力,但他手脚并用,最终还是爬上去了,直到此时,年轻的妈妈才过去将儿子抱起来,并在儿子的脸蛋上狠狠地亲了一口。

这个小男孩,就是后来成为美国第16届总统的林肯。他的母亲便是南希·汉克斯。

林肯出生在一个贫困的家庭,父亲是个农民,林肯接受过的正规教育加起来还不到一年,但他却热爱知识、努力、上进、正直。没有好的学习条件,他就自己创造,他曾用小木棍在地上写字,不放过任何一个学习的机会。后来,林肯做过很多工作,当过工人,当过律师,也失业过。他从29岁起,开始竞选议员和总统,前后尝试过11次,失败过9次。在他51岁那年,终于问鼎白宫,并取得了辉煌的业绩,被马克思称为"全世界的一位英雄"。

母亲南希在林肯9岁那年不幸病故。毫无疑问,她用坚强而伟大的母爱抚养了林肯,使他勇敢而坚定地走向未来。

我们成长的过程就像走楼梯的台阶,随着时间的推移,你走过的台阶会越来越多。显而易见,也会遇到这样或那样的困难,每个困难都需要我们去解决和应付,如果被他人搀扶着走,那么,我们最终会产生依赖性,甚至难以自立,更难立足于社会。

其实,困难就是一条欺软怕硬的狗。你越畏惧它,它越威吓你;你越不将它放在眼里,它越对你表示恭顺。这个简单的道理我们每个人都懂,但说到畏惧困难,似乎那些刚出世没多久的小孩反倒比大人勇敢。孩子们敢和鳄鱼拥抱、和巨蟒共舞。因为无惧，所以无畏。

事实上，人们驾驭生活的能力，是从困境生活中磨砺出来的。和世间任何事一样，苦难也具有两重性：一方面，它是障碍，要排除它必须花费力量和时间；另一方面，它又是一种肥料，在解决它的过程中能够使人更好地锻炼和提高。

人生没有过不去的坎，跌倒了再爬起来，重新整理好自己，勇敢地去迎接挑战，就能赢得属于自己的辉煌。如果你本身承受能力较弱，应该学会确立切合实际的目标，制订由低到高由易到难的计划，不断地看到自己的进步，从而形成克服困难和挫折的能力。

逆境可以吞噬意志薄弱的失败者，也能造就毅力超群的事业成功者。磨难是魔鬼，它夺走了你的光明。磨难也是天使，它是一座深不可测的宝藏。要在逆境中赶走魔鬼、拥抱天使，最重要的美德就是坚韧。而你若怕苦，就不会成功，就不会搞好学习，遇到困难就后退，悲观地对待生活，这样很难适应社会的竞争。

总之，身处困境中，我们都会心存不快，甚至抱怨命运的不公，但不正是因为经过磨难的历练我们才得以成长吗？

第6章

再等一等,你想要的都会及时到来

在人生旅途中,在追求梦想的道路上,我们发现,很多人为明天而焦虑,他们总是担心明天的生活、明天的工作,实际上,这只不过是杞人忧天,我们谁也无法预料明天,我们所能掌控的只有当下。在人生目标的实现中,一个人只有内心平静、努力充实自己,等待时机、不骄不躁,日子才会过得悠然自得、从容不迫,不去羡慕别人,你才会找到自己的生活,完成你自己的事业。

甘于寂寞，在寂寞中前行

我们都知道，没有人能随随便便成功，自古以来，许多卓有成就的人，大多抱着不屈不挠的精神，忍耐枯燥与痛苦之后，从逆境中奋斗挣扎过来的。在人生的道路上，我们若想有所收获，就必须耐得住寂寞。因为成功并不是一蹴而就的，需要我们耐心等候。

歌德说："人可以在社会中学习。然而，只有在孤独的时候，灵感才会不断涌现出来。"由此，我们可以看到的是，如果你今生想要有所建树、成就自我，那么，在孤独中坚守，在孤独中完善自我、走向成功，是必经之路。一个人，只有依靠自己的力量，脚踏实地顽强拼搏，才有可能达到目标，实现梦想。

我们先来看看富兰克林的故事。

富兰克林并不是出身官宦之家，相反，他小的时候，家里很穷。他只在学校读了一年书后就不得不出去工作，但童年的艰辛并没有磨灭他的理想和意志，反而激励他更加努力。最终，他成功了，他成为美国人心中杰出政治家和外交家。其实，富兰克林并不是天才。那么，除了刻苦勤奋外，他是不是还有什么成功的秘诀呢？事实上，在富兰克林的身上，有一种非常重要的品质，那就是经常独处、反省自己。正是这种品质，促使他不断地发现自己的缺点，不断改进，成为一个拥有很多美德的人，最终走向成功。

每天晚上，富兰克林都会问自己："我今天做了什么有意义的事情？"

他检讨自己的缺点,发现自己有13种严重的缺点,其中最为严重的是,喜欢与人争论、浪费时间、总被小事扰乱心绪,他通过深刻的自我检讨认识到:如果要成功,就一定要下决心改造自己。

于是,他设计了一张表格。表格的一边写下自己所有的缺点,另一边则写上那些美好的品质,如俭朴、勤奋、清洁、谦虚等。他每天检查,反省自己的得与失,立志改掉缺点,养成那些美德。这样持续了几年,他终于成功了。

从这个故事中,我们不难发现,让自己安静下来,学会在寂寞中反省,是提升自己的最好方法,它还能让我们看清自己,看到自己的不足、长处,甚至找到人生的目标。

自古以来,但凡能够成大事者,必须耐得住寂寞,排除外界的干扰。然而,我们不得不承认,现实生活是一个处处充满诱惑,时时存在外来干扰的世界,要维持长时间的、集中的注意力,必须具备一定的自我控制能力,要做到这一点,我们必须做到静心,所以,从某种意义上说,内心是否宁静是我们能否持久专注于工作和学习的前提条件。也就是说,要抵御诱惑,需要我们在努力中保持一颗平常心,这样,我们就能对外界的"花花绿绿""流光溢彩"不生非分之想,不做越轨之事,不做虚幻之梦。

听说,前不久华人导演李安执导的《理智与感情》被列入了"影史伟大的100部英国电影"榜单。回望李安的成功,就好像一次生活的蜕变,但在这个过程中,他付出了巨大的代价。内敛和害羞的李安曾说:"我天性竞争性不强,碰到竞赛,我会退缩,跟我自己竞争没问题,要跟别人竞争,我很不自在,我没那个好胜心,这也是命,由不得我。"这个信命的男人,却以自己强韧的耐心完成一次生命华丽的蜕变,从一个普通的男人蜕变成为响彻国际的大导演。

虽然,李安毕业时的作品《分界线》为他赢来了一些荣誉,但毕业之后，他没有找到一份与电影有关的工作，只得赋闲在家，靠妻子微薄的薪水度日。那段日子算是李安的潜伏期，他为了缓解内心的愧疚，不仅每天在家里大量阅读、看片、埋头写剧本，还包揽了所有的家务，负责买菜、做饭、带孩子，将家里收拾得干干净净。他偶尔也会帮人家拍拍片子、看看器材，做点剪辑处理、剧务之类的杂事，甚至有一次去纽约东村一栋很大的空屋子帮人守夜看器材。在这段时间，他仔细研究了好莱坞电影的剧本结构和制作方式，试图将中国文化和美国文化有机地结合起来，创造一些全新的作品。

后来，李安回忆起这段日子的煎熬生活，依然十分痛苦："我想我如果有日本男人的气节的话，早该切腹自杀了。"就这样，在拍摄第一部电影之前，他在家里当了6年的"家庭煮夫"，练就了一手好厨艺，就连丈母娘都夸奖："你这么会烧菜，我来投资给你开馆子好不好？"蛰伏了一段时间之后，李安出山了，他开始执导自己的第一部电影《推手》，紧接着，他内心对电影艺术的狂热就好像终于等到了机会全部发泄出来，一部接着一部，部部片子都是经典，都为其成功奠定了扎实的基础。

就这样，李安完成了一次生命华丽的蜕变。

这里，我们佩服的是，李安导演因为自始至终对电影业怀抱理想和希望，所以能够在家里做了6年的"煮夫"，足见他的忍耐力。就连李安也自嘲说："我想我如果有日本男人的气节的话，早该切腹自杀了。"在那段煎熬的日子里，他不断蛰伏，就好像蝴蝶在蜕变之前所经历的一切环节，忍受着寂寞与孤独，忍受着枯燥和痛苦，但他终于以自己的耐心等来了那一天，终于，他成功了，虽然，蜕变的代价是巨大的，但他已经忍受了过来。现在的他，只需要轻轻地努力就可以采摘成功的果实，生活对于他，从来都是公平的。

西奥多·罗斯福也曾说过："有一种品质可以使一个人在碌碌无

为的平庸之辈中脱颖而出，这个品质不是天资，不是教育，也不是智商，而是自律。有了自律，一切皆有可能，若没有，则连最简单的目标都显得遥不可及。"任何人的才能，都不是凭空获得的，学习是唯一的途径。学习的过程，就是一个不断克服自我、控制自我的过程，只有首先战胜自己，摒除内在和外在的干扰，才能以全部的激情投入对知识的汲取中。

等待属于自己的那一刻

我们都知道，将任何有意义的事情做好，是成功的预示。因为你比别人多付出，你在实际工作中也比别人想得更周到。成就绝非朝夕之功，凡事必须从小做起，只要有意义。我们需要记住的是：你不会一步登天，但你可以逐渐达到目标，一步又一步，一天又一天。别以为自己的步伐太小，无足轻重，重要的是每一步都踏得稳。所以，成功绝不是偶然的，成功者更是善于等待的，他们懂得在等待中积累实力，在等待中找寻机遇，所以他能一举成功。

几乎每个人都渴望成功的降临，但事实上，很少有人能预期获得成功。有的人盲目行事，心中有了什么好的想法就马上开始实施，不忍耐、不等待，也不经过仔细思考，最终面临惨烈的失败。其实，要想获得成功就必须有周详的谋划，处心积虑，经过一番斟酌、准备之后再行动，一旦决定了就雷厉风行，这样就很容易获得成功。

成功需要来自多方面的因素，除了自身的条件之外，最重要的就是善于等待，进行周密的策划，这样的"谋定"促成了人生这个大棋盘，只要摆好了棋子，步步为营，就会"运筹于帷幄之中，决胜于千里之外"。

20世纪80年代，美国有一家著名的重型机械制造公司，叫维斯卡亚公司，这家公司生产的产品远销全世界，因此，它实力雄厚，并代表着当今重型机械制造业的最高水平。大公司门槛高这句话是有道理的，很多来这家公司求职的毕业生，但都被无情地拒绝，因为该公司的高技术人员爆满，不再需要各种高技术人才。但丰厚的待遇和令人羡慕的社会地位还是让很多人削尖了脑袋前来求职。

这群求职者里有个叫史蒂芬的，他是哈佛大学机械制造业的高才生。和许多人的命运一样，在该公司每年一次的招聘会上被拒绝。史蒂芬并没有死心，他发誓一定要进入维斯卡亚重型机械制造公司。于是，他决定先"混"进去这家公司再说。他先找到公司人事部负责人，提出可以无偿为这家公司提供劳动力，只要能让他在这家公司工作，他可以不计任何报酬，并能完成公司安排给他的任何工作。这位负责人起初觉得这简直不可思议，但考虑到不用任何花费，在利益的引诱下，这位负责人便答应了，并安排他去车间扫废铁屑。

这份工作是没有报酬的，史蒂芬还得养活自己，于是，一年的时间，他白天在这家公司勤勤恳恳地工作，晚上还得去酒吧打工。

令史蒂芬失望的是，虽然他得到了所有同事和负责人的认同与好感，但公司却没有提及正式录用他的事。但机会很快来了。那是20世纪90年代初，公司的许多订单纷纷被退回，理由均是产品质量问题，为此公司蒙受了巨大的损失。公司董事会为了挽救颓势，紧急召开会议商议对策。当会议进行很长时间却未见眉目时，史蒂芬果断地闯入会议室，提出要见总经理。

在会上，史蒂芬慷慨陈词，对公司出现这一问题的原因做了令人信服的解释，并且就工程技术上的问题提出了自己的看法，随后拿出了自己对产品的改造设计图。这个设计非常先进，恰到好处地保留了原来机械的优点，同时克服了已出现的弊病。总经理及董事会的董事见到这个编外清洁工如此精明在行,便询问了他的背景以及现状,而后,史蒂芬被聘为公司负责生产技术问题的副总经理。

原来,史蒂芬这是退而求其次的一种办法,当他被拒绝后,他想方设法留在这家公司,是为了更彻底地了解这家公司。于是,他在做清扫工时,利用清扫工到处走动的特点,细心察看了整个公司各部门的生产情况,并一一做了详细记录,发现了所存在的技术性问题并想出了解决的办法。为此,他花了近一年的时间搞设计,获得了大量的统计数据,为会上的出色表现奠定了基础。

史蒂芬为什么能让公司高层领导对其能力加以肯定并由一名小小的清洁工成功晋升为副总经理?原因很简单,他懂得厚积薄发,伺机而动,因为他做了充分的准备工作,在该公司最需要自己的时候及时出现,以自己过硬的专业知识帮其解决了技术问题。我们设想一下,假如他空有为公司担当的勇气而没有一个完美的表现自己的计划、没有过硬的实力,恐怕这种表现只会适得其反。

世事如棋,谋定而后动。当我们决定要做一件事的时候,谁也猜不到最后的结果。但是,如果我们能静下心来,从长计议,在等待中找寻事情的各个因素,并做出分析,进行处心积虑的谋划,就一定能预测出最后的结果。凡事都应该"三思而后行,谋定而后动",方能成就大事。如果你仅仅看见了一片叶子,就想获得整片森林,在没有任何计划之下就盲目前行,只会让自己面临失败的下场。

所以,无论做什么事,要想成功,我们都要懂得等待,等待最佳的时机,这是一种人生的大智慧,舍弃盲目的行为,选择处心积虑,蓄势待发而后动,你会发现成功有不一样的风采。

努力就好，其他的都交给时间

我们都知道，任何事情的发展都是有规律的，人们的主观愿望与实际生活也总是有差距的。就像自然界的植物，它们的成长需要接受光合作用，需要接受甘露的灌溉，才能收获果实。其实，不仅是植物的成长，我们所做的每件事也是如此，是有一定的规律的，我们需要做的只是努力，剩下的就交给时光。这是一种大气和洒脱，一种从容和淡定。

当下的你可能正处于困惑之中，可能你对现在所从事的工作感到迷茫、觉得毫无希望，但是你可曾问过自己：我做到百分之百的努力了吗？如果答案是肯定的，请别焦躁，成功总有一天会属于你。

所以，我们千万不可把自己的主观意愿强加于客观的现实中，我们应该学会随时调整主观与客观之间的差距。凡事顺其自然，确实至为重要。

从前，宋国有个农民，他做事总是追求速度。因此，对于田间的秧苗，他总觉得长得太慢，他闲来无事时，就会到田间转悠，然后看看秧苗长高了没有，似乎秧苗的长势总是令他失望。用什么办法可以让苗长得快一些呢？他思索半天，终于找到一个他自认为很好的办法——我把苗往高处拔拔，秧苗不就一下子长高了一大截吗？说干就干，他就动手把秧苗一棵一棵拔高。他从中午一直干到太阳落山，才拖着发麻的双腿往家走。一进家门，他一边捶腰，一边嚷嚷："哎哟，今天可把我给累坏了！"

儿子忙问："爹，您今天干什么重活了，累成这样？"

农民扬扬自得地说："我帮田里的每棵秧苗都长高了一大截！"儿子觉得很奇怪，拔腿就往田里跑。到田边一看，糟了！早拔的秧苗已经干枯，后拔的秧苗叶儿也发蔫，耷拉下来了。

揠苗助长，愚蠢至极！每一棵植物的成长都是需要过程的，需要我们每天辛勤地浇灌、耕耘等，才能收获成果。每一个生命的成长也如此，千万不要违背规律、急于求成，否则就是欲速则不达。

其实，不光是这个农民，在现实生活中，很多人内心焦躁不安，尤其是当他们发现自己努力过后依然看不到希望时，要么打退堂鼓，要么感时伤事，处于迷茫混沌之中。其实只要你勤勤恳恳、不放弃，静静地等待，时间总会回报你。

在生活中，真正的赢家并不是那些聪明的人，而是那些笨的人。因为他们认为自己不够聪明，勤能补拙，所以他们苦干，最终收获了自己想要的生活；相反，那些自以为聪明者，他们喜欢耍小聪明，看到周围的人有更巧妙的方法，他们就投机取巧，似乎这样就显得比别人聪明一点，而最终他们往往输得很惨，所以智慧和实干比起来，实干更加不可或缺。

罗马纳·巴纽埃洛斯是美国第34任财政部长。曾经她是一位贫穷的墨西哥姑娘，她在16岁时就结婚了，婚后有了两个儿子，然而，这场婚姻很快就结束了。

在当时的巴纽埃洛斯看来，最重要的就是要养活儿子，并带给他们体面的生活，所以，她怀揣身上仅有的7美元，来到了洛杉矶。

最初她做洗碗的工作，后来找到什么活就做什么，拼命攒钱直到存了400美元后，便和她的姨母共同经营玉米饼店，结果非常成功，并开了几家分店。后来，她经营的小玉米饼店铺成为全国最大的墨西哥食品批发商，拥有员工300多人。

在经济上有了保障之后，巴纽埃洛斯便将精力转移到提高她美籍墨西哥同胞的地位上。于是，她和许多朋友在东洛杉矶创建了"泛美国民银行"，这家银行主要是为美籍墨西哥人所居住的社区服务。如今，银行资产已增长到2200多万美元，但她的成功确实来之不易。当初，有人告诫她说："美籍墨西哥人不能创办自己的银行，你们没有资格创办一家银行，同时永远不会成功。"就连墨西哥人也说："我们已经努力了十几年，总是失败，你知道吗？墨西哥人不是银行家呀！"

但是，她始终不放弃自己的梦想，努力不懈。如今，这家银行取得伟大成功的故事在洛杉矶已经传为佳话，巴纽埃洛斯也成为美国第34任财政部长。

可见，人只有在内心坚定自己的目标，内心的力量和头脑的智慧才会找到方向，才能忍受长时间的等待，一心向前。

任何一种本领的获得、一个人生目标的达成都不是一蹴而就的，而是需要一个艰苦历练与奋斗的过程，正所谓"宝剑锋从磨砺出，梅花香自苦寒来"，任何急功近利的做法都是愚蠢的，做任何事情都要脚踏实地、一步一个脚印才能逐步走向成功，一口是永远吃不成一个胖子的，急于求成的结果，只能适得其反，结果只能功亏一篑，落得一个揠苗助长的笑话。

人们常说："一心不能二用。"的确，一个人如果在心烦气躁，或急于求成，或六神无主的时候，无论如何是不能把事情做好的。要想做好事情，就得专心，有条不紊。人做事应该追求完美，做一件事就专心致志，这样才能享受做事情的快乐和成就感，而你的心情也会愉快，能力也会相应地提高，心态也会相应地平和起来，如果每件事情都能这样做下去，形成了一个良好习惯，那么你以后做什么事情都可以有条不紊、思路清晰。

相反，如果你在做一件事情的时候，心绪不宁，想把它快点做完，但欲速则不达，最后的结果是，任何事情都做不好，且心情烦躁、不痛快。长期这样，你的做事效率就会越来越差，心态也会越来越浮躁。

总之，我们需要记住，无论做什么，急于成功的人，往往很难成功，急于达到目标的人，往往不容易达到目标，过于在意就是盲目，欲速则往往不达，凡事不可急于求成。相反，以淡定的心态对之、处之、行之，以坚持恒久的姿态努力攀登、努力进取，成功的概率就会大大增加。

埋进土里的种子，才有可能长成参天大树

古人云："天将降大任于斯人也，必先苦其心志，劳其筋骨，饿其体肤。空乏其身！"很多人心中都有成才成功的梦想，而真正能做到优秀的人却是少数。不是因为这些人墨守成规，也并不是因为这些人不够聪明，而是因为他们缺乏成才成功的坚实基础和坚忍的毅力。

诚然，现今社会，人人都追求张扬的个性，但不能忽视的是这种张扬的个性应该建立在内心足够强大、根基足够宽广的基础之上，否则只能是任人摆布的玩偶，或是单一的皮影，永远不会是一个鲜活的生命。

因此，生活中的我们，要有踏实肯干的精神，无论你现在从事什么工作，你都要做到不腻烦、不焦躁，埋头苦干，不屈服于任何困难，坚持不懈；只要你坚持这样做，就能造就优秀的人格，而且会让你的人生开出美丽的鲜花，结出丰硕的果实。

我们先来看一个年轻人的故事。

小陆是某名牌大学经济系毕业的高才生，刚开始，他希望自己能进入国家单位当公务员。他想，省里的难进就先进市里的，要是市里的也难考就先考县里的。"我会一直努力参考，总有一天能在大城市的机关单位就职。我要让我的家人和我一起走出大山，在城里给他们

买大房子，让他们开汽车。"大学刚毕业的小陆，对自己的人生方向有着很明确的规划。

但现实有时候就是这样，你想要什么，就偏不给你什么。屡战屡败后，小陆曾一度陷于低谷。"刚毕业的大学生，由于缺乏社会经验，基本上都是在面试时败下阵来的。对于那些五花八门的问题，还有一些专业性很强的术语，我感觉无从下手。"小陆说。"生活不是你想要什么就来什么，咱努力过了也就没有遗憾了。如果现在条件还不成熟，那就试着先干点别的。等将来有机会再考。总不能吊死在一棵树上，你以后的路还很长啊！"父亲这番话点醒了小陆。

考不上公务员，那最低要求也要在大城市找工作。小陆是个心高气傲的人，总觉得自己是有能力做一番事业的，只是还没有遇到机会和赏识他的伯乐。于是，他开始关注省城每周的招聘信息，也试着投简历、面试。

运气还算好，由于学历不错，长相谈吐也大方自然，一些私企有意向录用小陆当文员或秘书。"办公室里的好多人学历不如我，能力也不如我，我觉得大材小用了。"所以，类似这样的工作，他就是做不长。

"就在我快要对自己的未来绝望的时候，我遇到了表哥。他连小学都没毕业，如今却开着名车，还娶了城里的漂亮媳妇。"小陆心里很不是滋味。

表哥告诉他："和你哥我比，你可是幸福多了。有这么多人疼着你，还供你上了大学，长得一表人才，前途光明着呢，别丧气啊！人有时候就不能太较劲了，不能急于求成，也不能把自己太当回事。苦你得吃得，气你得受得。你哥我不就是盘子端过、碗洗过、被人骂过，一步一个脚印、脚踏实地地走，才有了今天。"表哥的经历让小陆彻底明白了一个道理：要想成功，起点固然重要，但脚踏实地的努力更重要。

现在的小陆已经大学毕业两年了，他最终明白了一个道理：找不到理想的工作，与其自暴自弃，怨天尤人，还不如踏踏实实，在一个自认为还有着足够兴趣的岗位上一步一个脚印地走。于是，小陆平静下来，不久在省城一家四星级酒店找到了工作，现在他已经是前台经理了。

可能很多年轻人和小陆有着相同的经历，怀着满腔热血却被现实浇灭，但扪心自问，问题却在自身，与其打着灯笼满世界找满意的工作，不如踏实下来、勤奋工作。要知道，没有伟大的意志力，就不可能有雄才大略。可能目前这份工作让你感到很沮丧，你觉得前途渺茫，但你真的做到勤恳工作了吗？既然没有，何不尝试一下呢？努力工作，你会发现，成长始终伴你左右！

相信任何一个人，都曾有过自己的梦想，都满腔抱负，希望可以一展拳脚做出一番成绩，但现实告诉我们，必须从最基础的工作做起，这就好比一颗种子，如果浮于空中，是无法生根发芽的，只有埋进土里，经过雨水的灌溉、滋润，才能长成参天大树。现代社会，一些人心态浮躁，对于他们来说，这无疑是更高层面的挑战。艾森豪威尔说："在这个世界，没有什么比'坚持'对成功的意义更大。"的确，世界上的事情就是这样，成功需要坚持。雄伟壮观的金字塔的建成凝结了无数人的汗水；一个运动员要取得冠军，前提就是必须坚持到最后，冲刺到最后一瞬。如果有丝毫松懈，就会前功尽弃，因为裁判员并不以运动员起跑时的速度来判定他的成绩和名次。

因此，一个人若想不断进取，就不能腹中空空如草莽，就应努力充实储备各种能力各种知识或各种能为自身发展所用的东西，待时机成熟，再跨上另一个高度。

所以，我们任何一个人，都应趁着年轻还有时间和精力，多做对增加自己人生厚度、增添人生张力有益的事情。可能很多人对目前所从事的工作不满,因为它薪水很低,甚至需要委曲求全,但如果你确实能从中学到东西、增长才干,那么不妨给自己制订一个做这份工作的期限,在这个期限之内尽自己所能充分学习乃至提升自己,在到达这个期限之后你尽可以潇洒地向更高的目标迈进,那时你也许发现自己已经站在了一个相当的高度来审视这份工作。

从容不迫,随遇而安

我们都知道,现代社会,时间已成为一种有限的资源,时间就是金钱、时间就是生命,我们都知道时间的紧迫,于是,忙碌的我们总是不断地与时间赛跑,高度紧张的神经让我们开始疲乏,甚至身心俱疲,其实,你不妨反问一下自己,为什么不从容一点呢?

我们每天都需要进行忙碌的工作和学习,还有生活负担、情感烦恼等,我们常为此感到焦头烂额。事实上,如果你从容一点、做事不紧不慢,那么,你便能在做事之前静下心来,理清思绪、合理安排,自然事半功倍。

和煦的春风里,师父带着小和尚来到寺庙的后院,打扫冬日里留下的枯木残叶。小和尚建议说:"师父,枯叶是养料,快撒点种子吧!"

师父曰:"不着急,随时。"

种子到手了,师父对小和尚说:"去种吧。"不料,一阵风起,撒下去不少,也吹走不少。

小和尚着急地对师父说:"师父,好多种子都被吹飞了。"

师父说:"没关系,吹走的净是空的,撒下去也发不了芽,随性。"

刚撒完种子，飞来几只小鸟，在土里一阵刨食。小和尚急着对小鸟连轰带赶，然后向师父报告说："糟了，种子都被鸟吃了。"

师父说："急什么，种子多着呢，吃不完，随遇。"

半夜，一阵狂风暴雨。小和尚来到师父房间带着哭腔对师父说："这下全完了，种子都被雨水冲走了。"

师父答："冲就冲吧，冲到哪儿都是发芽，随缘。"

几天过去了，昔日光秃秃的地上长出了许多新绿，连没有播种到的地方也有小苗探出了头。小和尚高兴地说："师父，快来看哪，都长出来了。"

师父依然平静如昔地说："应该是这样吧，随喜。"

这则故事告诉每一个人，人生无常，只要我们保持内心的平静，那么，无论外在的世界怎样变幻莫测，我们都能坦然面对，做到不为情感左右，不为名利所牵引，从而洞悉事物本质，完全实事求是。

人生就是一次旅行，在这一过程中，只有跋山涉水、不惧艰辛，走过忧郁的峡谷、穿过快乐的山峰、蹚过辛酸的河流、越过滔滔的海洋，才能走到生命的最高峰，领略美好的风景。诚然，我们不能否认这一点，但人的一生是短暂的，我们若把眼光总是放在前面的事物而错过了眼前的美景，那么只能空留遗憾。

现实生活中的很多人，一直信奉勇往直前的原则，向往未来的、他人的生活，于是，他们总是马不停蹄地追赶，但时过境迁，等他们青春年华不再时，才知道自己已经错过了生命中最美的时光。

有位成功的企业家，他的成功可谓是一路艰辛。他从十几岁就开始给别人帮工，每天都是早起晚睡，整天都忙忙碌碌，好像就没有休息过，也没有参加过任何娱乐活动，那段日子，他的梦想是，将来自己有一间铺子就好了。

几年后,他终于开了一间铺子,生意不错。此时,他告诫自己,自己的生意,更不能放松,于是仍然起早贪黑,匆匆忙忙,休息时间更少了。他想,等将来生意做大了就好了。

又过了几年,他的生意果然做大了,拥有了数间很大的门市,每天货进货出几百万元的资金流动,他更不敢放手给别人去做,还是自己苦拼,联系货源,接待客户,管理账目……没黑没白,忙得如有狼在后面追一般。看他真的好辛苦,有人就劝他:"你放一放可以吗?好好地休息一天,看看世界会不会大变!"

他回答:"不行,我不做时,别人会做,前面的那些大户我肯定追不上了,后面一些中小户又逼上来,放一放,我会落在后面的。"

终于有一天,他累倒了,被迫躺在病床上不能动了,以前高速运转的日子一下停下来,他终于可以静静地想一下匆匆而过的人生。有一次,他看到一个病人被推进手术室再也没回来,那个病人很年轻,刚刚还与自己说出院后要去旅行。他看着对面空空的病床,心不由得一震,顿时大彻大悟:人由生到死其实只是一步的事,这一步,自己却走得太过沉重啊!一直以来,自己的名利心太重,想要得太多,然而真正得到的却很少。如果不是这次病倒,他会一直拼到50岁、60岁,甚至更久,没有娱乐,没有休息,最后两手空空地离开这个世界,这是一件多么可悲的事啊!康复后,他像换了一个人似的,生意还在做,只是不那么拼命了,他不再去追前面的大户,也不怕后面的小户追上来,甚至错过一笔很有赚头的生意也不会在意,人们经常在高尔夫球场上看到他,有时他也慷慨地与家人坐飞机到外地旅游。

他终于懂得了生活的意义,终于找到了所谓的放下——这颗人生中最宝贵的钻石。

生命如此脆弱,假如你有一个"行千里路"的梦想,而被周遭的事物牵绊住的话,那么终有一天,生命会因不堪重负而轰然倒塌,而你的梦想从未实现。

现实生活中的不少人未必能做到如此从容,因为人都是情绪化的动物,会因为周围的人和事而影响自己的心态,但无论你遇到什么事,都不要沉迷于单向度的追求,而是要了解相依转换的道理,然后调整心态,走上自立自足的生活。祸福本身就是相互转换的,因此,不管你现在得到了什么、失去了什么,都不要纠结于一时,心态是自己选择的,祸会转化为福,福也会转化为祸,何不敞开心扉,淡定一点呢?

专心致志,然后全力以赴

人生在世,要有一番成就,就必须有目标,这是毋庸置疑的。正是因为这一点,现实生活中的很多人,他们认为自己当下的工作根本谈不上"惊天动地的事业",于是,他们总是渴望拥有一份更能发挥自己能力与价值的工作,对自己的本职工作便心不在焉。而实际上,热爱我们的工作并做到专心致志、全力以赴,是每个人的职责,也是让自己快乐的源泉。我们踏实勤恳地对待我们所做的工作时,就会产生火热的激情,它能让我们每天在工作中全力以赴。久而久之,持续地努力付出自然会有回报,你将因出色的表现获得巨大成就。

心理学教授丹尼尔·吉尔伯特认为:当一个人憧憬未来,在他看来,他似乎已经经历了那种美好,但实际上,这不过是一个想象的黑洞,是虚无的。的确,对于未来的过分憧憬,反而会抹杀自己对未来更为可靠的理性预测。

其实,任何时候,成功始于源源不断的工作热忱,你必须热爱你的工作。热爱你的工作,你才会珍惜你的时间,把握每一个机会,调动所有的力量去争取出类拔萃的成绩。

曾有一位教授讲过这样一位毕业生的经历。

杰森是纽约一所著名大学的毕业生。毕业这年，他暗下决心，一定要扎根在这座让全世界人羡慕的繁华大都市并做出一番事业来。他的专业是建筑设计，本来毕业时和一家著名的建筑设计院签了工作意向，但由于那家设计院在外地，杰森未经考虑就决定不去。如果去了，他会受到系统的专业训练和锻炼，并将一直沿着建筑设计师的路子走下去。可是一想到几十年在一个不变的环境里工作，似乎永远没有出头之日，就让杰森彻底断了去那里工作的念头。

他在纽约找了几家建筑公司，大公司不要没有经验的刚出校门的学生，小公司杰森又看不上，无奈只好转行，到一家贸易公司做市场。一段时间后，由于业绩得不到提高，身心疲惫的杰森对工作产生了厌倦情绪。但心高气傲的他觉得如果自己单干肯定会更好，于是他联系了几个朋友一起做建材生意。本以为自己是"专业人士"，做建材生意有优势，可是建筑设计与建材销售毕竟是两码事。不到一年，生意亏本了，朋友们也因利益关系闹得不欢而散。

无奈之下的杰森只好再换工作，挣钱还债。由于对工作环境不满意，几年下来，他又先后换了几次工作，杰森对前途彻底失去了信心。现在专业知识已忘得差不多，由于没有实践经验，再想做建筑设计方面的工作几乎是不可能了。杰森虽然工作经验丰富，跨了好几个行业，可是没有一段经历能称得上成功……现实的残酷使杰森陷入很尴尬的境地，这是他当初无论如何也没想到的。

这里，杰森为什么一事无成？因为他总是"这山望着那山高"，一切凭兴致而定，他没有意识到真正的快乐与事业的成功都来自踏实的工作。

有句话说得好："选择你所爱的，爱你所选择的。"为了培养你对工作的热情，年轻人，你需要做到以下两点。

首先，你要选择你感兴趣的工作。

你应该考虑自己的兴趣。如果工作在某些方面真的令你缺乏兴趣，那么，你就会对它缺少积极性。如果你并不了解自己的兴趣所在，你怎样才能挖掘出它们呢？有很多方法可以做到这一点。例如，对于目前的工作，你最喜欢它的哪些方面？是和他人共处，还是不和他人共处？是智力挑战，还是解决问题或某个问题在某一天结束的时候有了具体答案的满足感？

其次，倘若你已经有一份不错的工作，那么，不妨尝试着热爱它。

其实，我们都清楚，大部分工作都不是妙趣横生的，甚至是枯燥无味的。事实上，工作有趣与否，取决于你的看法，对于工作，我们可以做好，也可以做坏。可以高高兴兴骄傲地做，也可以愁眉苦脸厌恶地做。如何去做，这完全取决于我们。所以你在工作时何不让自己充满活力与热情呢？

最后，你还需要从工作中寻找成就感。比如，如果你是教师，你可以通过观察每位学生学习上的进步、心智的成长来获得乐趣；如果你是医生，你可以以帮助病人排除病痛为己之快乐。另外，你还应该认识到，在每一份工作中，我们都学到了不同的知识。

因此，无论你现在从事什么样的工作，都应该学会热爱它，即使这份工作你不太喜欢，也要尽一切能力去转变，并凭借这种热爱去发掘内心蕴藏的活力、热情和巨大的创造力。事实上，你对自己的工作越热爱、决心越大，工作效率就越高。当你抱有这样的热情时，上班就不再是一件苦差事，工作就变成了一种乐趣，就会有许多人愿意聘请你来做你更热爱的工作。如果你对工作充满了热爱，你就会从中获得巨大的快乐。

总之，对于任何一件工作，我们都不可能一开始就热爱它，最初可能还有些厌恶。但是，必须反复对自己说："自己正在从事一项了不起的工作""这是多么幸运的工作啊"。于是，对工作的态度自然而然就有了大转变。

学会放下，才能向上

我们都知道，执着是一种良好的品质，是认准了一个目标不再犹豫坚持去执行，无论在前进中遇到什么障碍，都绝不后退，努力再努力，直至实现目标。在我们追求梦想的过程中，更需要这样的意志力，因此，历来，执着都被公认为一种美德，然而，过分执着就变成了固执，这是一种弊病。固执的人之所以固执，是因为他们对于自己要做的事心存执念，他们认准了目标后便不再回头，撞了南墙也不改变初衷，直至精疲力竭。

因此，有时候，要想重新审视自己的行为，你就必须放下那些无谓的执念。只有学会放下，我们才能不断向上。

《佛经》中曾经记载了这样一个故事。

一个人前来拜佛，他双手持物，准备献给如来佛祖。

佛说："放下。"他便将左手之物放下。

佛又说："放下。"他只好又将右手之物放下。

可佛还是说："放下。"两手空空的他大惑不解。

佛终于微笑着说："放下你的执念。"

俗话说，拿得起，放得下；反过来理解，放得下的人，才能拿得起；该扔的扔，有些无谓的坚持是没有任何意义的。放下既是一种理性的决策，也是一种豁达的心胸。当你学会了放下，你就会觉得，你的人生之路宽广很多。

的确，人的一生，不可能什么都得到，相反，有太多的东西需要我们放弃。爱情中，强扭的瓜不甜，放手的爱也是一种美；生意场上，放下对利益的无止境掠夺，得到的是坦然和安心；仕途中，放弃对权力的追逐，随遇而安，获得的是一份淡泊与宁静。

古人云：无欲则刚。真正的放下，才是一种大智慧、一种境界。因为不属于我们的东西实在太多了，只有学会放弃，才能给心灵一个松绑的机会。表面上看，放下就意味着失去，所以是痛苦的，然而，如果你什么都想要，什么都不想放下，那么，最终你什么都得不到。人生苦短，无非几十年，有所得也就必有所失。只有我们学会了放弃，才会拥有一份成熟，才会活得坦然、充实和轻松。

从前，有甲乙两个人，他们生活得十分窘迫，但两个人关系却很要好，经常一起上山打柴。

这天，他们和以往一样上了山，走到半路，却发现了两大包棉花。这对于他们来说，可以说是一大笔意外之财，可供家人一个月丰衣足食。当下，两个人各自背了一包棉花，赶路回家。

在回家的路上，甲眼前一亮，原来他发现了一大捆上好的棉布，甲告诉乙，这捆棉布可以换更多的钱、买更多的粮食，应该改背棉布。而乙却不这么认为，他说，棉花已经背了这么久，不能就这么放弃了，乙不听甲的话，甲只好自己背棉布回家。

他们又走了一段路，甲突然望见林中闪闪发光，走近一看，原来是几堆黄金，他高兴极了，心想这下全家的日子不用愁了，于是，他赶紧放下肩上的棉布，拿起一个粗滚子挑起黄金。此时，乙仍不愿丢下棉花，并且告诫甲，这可能是个陷阱，还是不要上当了。

乙不听甲的劝告，甲只好自己挑着黄金和乙一起赶路回家。走到山下时，天居然下起了瓢泼大雨，两个人都被淋湿。乙更是叫苦连天，因为他身上背的棉花吸足了雨水，变得异常沉重，乙不得已，只能丢下一路辛苦舍不得放弃的棉花，空着手和挑黄金的甲回家去。

　　故事中的这两位村民为什么在收获上会有如此的不同？很简单，因为背棉花的村民不懂变通，只凭一套哲学，便欲强度人生所有的关卡。而另外一位村民则善于及时审视自己的行为。的确，在追求目标的路上，需要审慎地运用你的智慧，做最正确的判断，选择属于你的正确方向。同时，别忘了随时检视自己选择的角度是否产生偏差，适时地进行调整，千万不能像背棉花的村民一般，时时留意自己执着的意念是否与成功的法则相抵触，追求成功，并非意味着你必须全盘放弃自己的执着，去迁就法则。只需你在意念上做合理的修正，使之契合成功者的经验及建议，即可走上成功的轻松之道。

　　其实，生活中的我们也应该想一想，我们是否也心怀执念而让自己钻入了死胡同。坚持多一点就变成了执着，执着再多一点就变成了固执。人应该执着，但不应该错误地坚持一种想法，有时候，你可能没意识到，你坚持的想法是虚妄的。因此，我们应当学会放下，找到新的出路，重新审视自己的生活。

　　古人云：鱼和熊掌不可兼得。如果不是我们该拥有的，那么我们就得学会放下。人生注定要经历多姿多彩的风景，唯有放下才具有别致的风韵。过去常听人说，人要懂得放弃。放弃是对事物的完全释怀，是一种高妙的人生境界。而放下则更具有丝丝缕缕的难舍情怀，是一首悠扬的乐曲，在每个人的心底奏起。

　　总之，在我们的人生中，执着固然是可取的，但是某些执念必须放下，比如，那些已经板上钉钉儿的不可能成为现实的目标，你就必须果断地放弃；在现实世界中完全不能被应用的目标，你也必须理智地放弃；权衡利弊之后，完全没有实施必要的目标，你也必须放下……

第7章

坚守你的灵魂,别被欲望左右

在短短的人生旅途中,人人都有所求,但没有人能够拥有世间的一切,我们也都有自己的梦想,但在世界的每一个角落,各种诱惑都在向我们招手,无论如何,我们都要记住,贪欲会把人带向罪恶的深渊,让人失去理智,让我们迷失自我。事实上,当我们坚守内心,远离那些诱惑时,更能感受到自己内心深处的宽广和明净,也能享受纯粹的追求梦想的快乐。

别让自己败给了自己的贪婪

"贪者,恶之大也""祸莫大于不知足""非智之不足,非技之不胜,利令智昏,贪婪之心,才是天下祸机之所伏",贪婪是人性的一大弱点。一般而言,贪婪心理的形成主要源于错误的价值观念:认为社会是为自己而存在,天下之物皆为自己拥有。这种人存在极端的个人主义思想,是永远不会满足的。他们会得陇望蜀,有了票子,想房子,有了房子,想位子,从不知道满足。于是,他们陷入了无止境的欲求之中,一旦自己的欲求满足不了,就开始产生焦虑情绪,又有何快乐可言?

对此,我们始终要记住的一点是,这个世界的每一个角落,都长满了诱惑。各种各样的诱惑像空气一样,无所不在、无孔不入。我们只有始终告诫自己别贪婪,才能找准自己的位置,才不会迷失自己。

有这样一个故事。

从前,一家弟兄三人,老大是笨蛋一个,四十好几的人,还是光棍一条。整日里破衣烂衫,连一身像样的衣服都没有。有人问他:"你最大的心愿是什么?"他情不自禁地脱口而出:"要随我意,天天新衣。"

老二则是小康之家,衣食无忧。只是长相太丑陋,又找了一个比他还难看的女人为妻。所以,当问到他的心愿时,他就迫不及待地说:"要随我心,天天娶亲。"

老三由于经营有方,再加上天资聪慧和时来运转,已经是远近闻名的富豪。当人们问他有什么心愿时,他却毫不顾忌地说:"要随我心，挖一窖金。"

这虽是个故事，但从中足可以深刻地看出人的贪婪之心。"人心不足蛇吞象"，多么贴切的比喻。贪婪之心，就像是恶魔，一旦附身，就会让人难以善终。仔细想想，我们每个人又何尝不是如此呢？

很多时候，我们遇到的选项都是非常具有诱惑力的，但却不能同时拥有。在选择时，我们往往会斤斤计较、患得患失、优柔寡断。由于在矛盾中停留太久，什么都想得到，最终却什么都没得到。生活的辩证法就是如此。我们知道，有得就有失，有失也有得，得与失是矛盾的统一体。在鱼和熊掌不可兼得时，你必须有取有舍。取就必须舍，舍了才能取。例如，要成功就必须放弃享乐；选择家庭的同时就得放弃单身生活的自由；选择内心平静的同时就得放弃对权力和金钱的角逐。

人的一生，总要面对各种选择。很多时候，还必须对遇到的多种可能做出单项选择。例如，未婚时遇到了两个以上令自己心动的异性；有了幸福家庭后又发现了让自己更为心仪的目标；毕业生选择就业时遇到两份同样待遇丰厚、前景良好的工作；购物时，琳琅满目的商品哪样都令人爱不释手，等等。当遇到多个选项、鱼和熊掌又不可兼得的时候，你有能力和魄力做出明智正确的抉择吗？

选择是一门看似简单却十分有讲究的艺术。人的一生，就是一个不断进行选择的过程。选择的正误和效率，是一个人价值取向、思想水平、道德意识和判断能力的综合反映。

一些看似无谓的选择其实是奠定我们一生重大抉择的基础，古人云"不积跬步，无以至千里；不积小流，无以成江海"，无论多么远大的理想、伟大的事业，都必须从小处做起，从平凡处做起，所以对于看似琐碎的选择，也要慎重对待，考虑选择的结果是否有益于自己树立的远大目标。

有选择就必须放弃，而放弃，对每个人来说，都是一个痛苦的过程，因为放弃，意味着永远不再拥有，但是，不会放弃，想拥有一切，最终你将一无所有，这是生命的无奈之处。如果你不放弃眼前的热烈，就无法享受花前月下的温馨……生活给予我们每个人的都是一座丰富的宝库，但你必须学会放弃，选择适合你自己应该拥有的，否则，生命将难以承受！

生活中，每个人都有着不同的发展道路，面临着人生无数次的抉择。当机会接踵而来时，只有那些树立远大人生目标的人，才能做出正确的取舍，把握自己的命运。树立了远大目标，面对人生的重大选择就有了明确的衡量准绳。孟子曰：舍生取义，这是他的选择标准，也是他的追求目标。

在面临选择时，我们必须清醒地知道，我们需要什么，哪些才是对自己最重要的，哪些才是最适合自己的。

一位笃信佛陀的人走到了悬崖边时，不小心脚下一滑，从高处跌入深谷，幸好抓住了一根树枝。他极其虔诚地求佛陀挽救自己。佛陀真的显灵了。佛陀让他放下手中的树枝，可是那个人却不肯放下，继续把树枝抓得很紧很紧。佛陀摇了摇头说："你不肯放手，任谁也救不了。"

山神指引两个穷人到了一个巨大无比的宝库中。进门前，山神叮嘱他们，宝库开启的时间很短，拿到想要的财宝就赶快出来。其中一人进去后，拿了两块黄金就出来了。可另外一人看到里面耀眼的财宝，什么都想要，不知道该拿什么好，正犹豫间，宝库的大门紧紧地关闭了。

可见，有些选项看似诱人，但如果不适合自己，那就要果断舍弃。做出什么样的选择，要视自身条件和具体情况而定，要有主见，不能人云亦云。

有时候，我们选择的似乎只是处理问题的方式方法，但实际却是在对自己的人品、人格做出选择。选择必须考虑社会效益，不能因一时之快或蝇头小利而失去做人的道德、良心和他人的信任。

总之，人生的大多数时候，无论我们怎样审慎地选择，终归不会尽善尽美，总会留有缺憾。但缺憾本身也是一种美。我们不妨想想，就连权倾天下的统治者都无法拥有天下所有的最美，何况是常人？既然做了选择就不要后悔。只要是适合自己的，就是明智、理性和智慧的选择。

欲望无止境，别让它越界

人们常说"欲壑难填"，尤其对物质欲望、富贵荣耀、名利的追求，更是无穷无尽，而这，很可能会让我们迷失自己。保持一颗平常心，拿捏好尺度，才能得之淡然、失之坦然，才能合理地节制自己的欲望！

《论语别裁》中说："有求皆苦，无欲则刚。"其实，欲是人的一种生理本能，每个人都有形形色色的"欲"，有的时候，合理的欲望是人们生存的原动力。不过，凡事都不可过度。假如对欲望不加以合理的控制，人们就会有越来越多的贪念，最终导致欲壑难填。生活中，越来越多的贪欲者被物欲、财欲、权欲等迷住心窍，攫求无度，终至纵欲成灾。然而，一个人活着就无法摆脱各种各样的欲望，只要有欲望，就会有所求，而有所求又必然导致人们与痛苦纠缠。

其实，不管你是在温室中成长，还是在困苦中挣扎，欲望都会存在于你的心中，欲望可以成为我们的信念，支撑我们渡过难关，但是欲望也像鸦片，容易上瘾。皮埃尔·布尔古说过："人们常常听到这样一句话：'是欲望毁了他'。然而，这往往是错误的。并不是欲望毁了人，而是无能、懒惰或糊涂毁了他。"

人不能改变过去，也不能控制将来，人能控制、改变的只是此时此刻的心念、语言和行为。过去和未来的东西都虚无缥缈，只有当下此刻才是真实的。因此，一个人的生命不管能否长久，生命过程应该是丰富多彩的，无论人的生命长久与短暂，人生的道路应该是宽阔有风景的，享受过程应该是愉快幸福的。

一个已经退休的富翁在海边买了一套房子，以安享晚年。这天晚饭后，他在海边散步，看见一个衣衫褴褛的渔翁也躺在附近悠闲地晒太阳，便好奇地问道："你为什么不打鱼呢？"

"为什么要打鱼呢？"渔夫反问道。

"挣钱买大渔船啊！"

"然后呢？"

"买了渔船就可以打很多的鱼，然后你就有钱了。"

"有钱了又能怎么样呢？"

"你就不用打鱼了，可以幸福自在地晒太阳啦！"

"我不正在晒太阳吗？"富翁哑口无言。

是啊，有时候，我们苦苦追求的所谓幸福与快乐，其实就在眼前，那又为什么不知足呢？我们中的很多人，也许经过多年的打拼和艰苦的奋斗，也会有所成就，难道一生就如此忙碌地拼搏到死吗？其实，享受真正的人生之旅比直到那旅程结束时还没有感受到快乐重要得多。

然而，现代社会中的人们，关于欲望，拿起来容易，舍下却难。生活在商品经济的大潮里，每个人都要面对物欲横流的红尘世界诱惑，那些纷纷扰扰的现实，时刻都在迷惑着我们的眼球，欲望加快了人们前进的脚步，总觉得不远处的鲜花和掌声正在向我们招手。其实，舍弃这些无止境的欲望也并非难事，只要我们学会关注眼前的幸福，体会人生，去欣赏生活中点滴的美好，我们的心境自然会豁然开朗。可见，有时候，我们要懂得享受过程，真正让我们得到满足的也是过程，人的一生也是如此，最美的不是结果，而是人生的旅途。

其实，陷入诱惑的泥潭，源于内心的欲望。欲望就像毒品，是会上瘾的，当你一次满足了之后，就会不断地想要更多的欲望，那根本就是一个无法填满的无底洞，于是，你越来越难以抵御外界的诱惑。最后，人被欲望所控制，甚至成了欲望的奴隶，并最终被那些诱惑所吞噬。所以，我们应该记住：想成大事，必先克制内心的欲望，学会抵御外界的种种诱惑。

要想控制自己对名利的欲望，我们就需要修炼自己的心情，使自己淡泊从容。但是，淡泊是一种很高的人生境界，淡泊是一种品质、一种德行、一种修养，值得你用一生去追寻。当然，所谓的淡泊并不是指无欲无求。众所周知，人生就是由一个个欲望组成的，合理的欲望是人生的原动力。所以，淡泊指的是正确的取舍，属于我的，当仁不让，不属于我的，纵使千金难动我心，这才是真正的淡泊。

我们都是平凡的人，不可能做到无所追求，但生命只有一次，而且时间是有限的，人生在世，只有短短的几十年。所以，每个人都应该珍惜自己的生命，在有限的时间里不要让自己太疲惫，要让自己过得快乐一点。人活一世为了什么？就是为了快乐，快乐是人生最大的财富。

总之，生命的过程不可能重新来过，因此，我们必须珍惜这仅有一次的生命。面对名利，我们必须学会自控，充实自己的内心、坚守自己的心灵，以清醒理智的态度步履从容地走过人生的岁月。只有这样，我们的生活才会更加轻松自在，我们的人生才会丰富多彩、豁然开朗！

别成为一个眼里只有钱的人

人生在世，我们都有个共同的愿望，那就是追求幸福、美满的人生。但大多数人却认为，一个人幸福与否，是和拥有多少金钱相关联的，因为金钱可以买到很多物质类的东西，比如，吃、穿、住、行可以通过金钱来改善。诚然，我们每个人都有追求金钱的权利，但一个人如果不控制自己对金钱的欲望，那么，就容易产生拜金心理。所谓拜金心理，顾名思义，就是崇拜金钱，指的是一个人什么事都向钱的方面想，喜欢金钱以至于不顾一切，是一种极端。

求知上进、有所追求是一件好事，但让欲望占据了内心，便给人生的悲剧拉开了序幕。尼采说，人最终喜爱的是自己的欲望，不是自己想要的东西！能够控制欲望而不被欲望征服的人，无疑是个智者。被欲望控制的人，在失去理智的同时，往往会葬送自己。难道有钱花就是幸福吗？其实不然，钱财是生不带来死不带去的东西，一个人一生中真正需要的物质财富是有限的，一味地拜金，你最终会坠入深渊。

"贪"字头上一把刀，一旦人的内心被贪欲所吞噬，那他必将被其毒害……人生如同一条河流，有其源头，有其流程，当然也有其终点，而不论流程长短，终究都会到达终点，流入海洋。那么在我们活着的时候，有什么欲望是一定非要满足不可的呢？实际上，我们每天需要的不过是三餐一宿，我们需要的物质财富也不过如此，既然如此，为什么又要追逐那些身外之财呢？

我们先来看下面一个故事。

从前，有两个非常要好的朋友，他们经常一起干活、一起吃饭，人们都说他们情同手足。这天，他们来到房屋附近的一个树林中散步。

突然，从树林深处蹿出一个和尚，和尚慌慌张张的，两人便问发生了什么事。谁知，和尚告诉他们，他在种植小树苗时，突然发现了所挖的坑中有一坛子黄金。

两人一听到是黄金，顿时眼里生出了异样的光芒，说："这和尚也太愚蠢了吧，挖出了黄金应该高兴才是，怎么吓成这样子，真是太好笑了。"然后，他们问道："你是在哪里发现的，告诉我们吧，我们不害怕。"

和尚说："我看你们还是不要去，这东西会吃人的。"

两人异口同声地说:"我们不怕,你就告诉我们黄金在哪里吧。"

和尚无奈,只好告诉了他们黄金的位置,两人听完后,赶紧跑进树林深处,果然,在一个刚挖出的坑中,有一坛子黄金。打开坛子,两人被黄金反射出的光震住了,谁都想将其据为己有。于是,一个人说:"这会儿天还没完全黑下来,要是把黄金拿回去太不安全了,还是等天黑再行动。这样吧,我留在这里看着,你先回去拿点饭菜来,我们在这里吃完饭,等半夜时再把黄金运回去。"

另一个人便按照他朋友说的,回去取饭菜了。留下的这个人打的主意是:你若回来,我就将你一棒子打死,然后这些黄金都归我了。而回去取饭菜的那个人则是这样打算的——我回去先吃饭,然后在他的饭里下毒。他一死,黄金不就都归我了吗?

于是,接下来的一幕发生了:回去的人提着饭菜刚到树林里,就被另一个人从背后用木棒狠狠地打了一下,当场毙命。看到朋友带来的饭菜,已经饥肠辘辘的他赶紧吃起来,谁知道,吃了几口,就感觉肚子很疼,这才知道自己中毒了。临死前,他想起了和尚的话:"和尚的话真是应验了,我当初怎么就没有明白呢?"

这个故事警醒世人,对于钱财的贪念会把人带向罪恶的深渊,让人失去理智。它可以使人相互摧残,甚至使最好的朋友反目成仇。在生命都无法保证的情况下,聚敛巨额的财富又有何用呢?

的确,我们每个人都渴望成功、拥有更多的财富。可当这一切都实现的时候,你真的快乐吗?新华都集团总裁兼CEO唐骏曾对成功标准、幸福指数等内容进行了阐述。唐骏表示,如果把所有的人生目标都放在财富上面,纯粹是为了"金钱"两个字,这样的人生并不精彩。唐骏认为,并不是财富拥有得多,幸福指数就变高,财富不等于快乐。那么,什么是成功?你拥有了财富、拥有了地位、拥有了大家的尊重,算不算成功?当然是成功的一些标志,但如果你还想做一个快乐的人,你就必须懂得舍得的智慧,看淡财富甚至需要舍得金钱,你才会真正获得快乐。

事实上,"家有黄金万两,每日不过三顿;纵有大厦千座,每晚只占一间。"我们每个人对于物质财富的需要都是一定的,如果我们能看轻金钱,那么,我们就能放下很多苦恼,最为重要的是,在学会自控之后,我们的人生境界必定得到提高,人生必甚畅意。

生活中,绝大多数人为了生存而拼命地工作。但有些人却能轻易地或不知手段地得到所谓的幸福——钱财,这样的幸福让人不敢苟同。比如,有的贪官聚敛钱财,不择手段,腰包越来越鼓,胆子越来越大。这种人觉得钞票越多越幸福,幸福得已经麻木了。直到走上被告席,才知道拿自己的生命和前途换来的幸福一文不值,后悔晚矣。

君子爱财应该取之有道,用之有度。因此,千万不要为了几个小钱而去偷盗,千万别为了财富积累而伤天害理。

总之,一个人的人生坐标定在什么位置,就有什么样的幸福。最大的幸福莫过于好好活着,珍惜今天,珍惜当下。人生在世,会经历许多事情,坎坎坷坷、酸甜苦辣,人皆有之。一帆风顺,只是祝福语,一种奢望。其实,幸福就在我们身边,是要寻找和创造的。遵守法律和道德的幸福,要好好珍惜。反之,离得越远越好。

善于自律,成功要经得住诱惑

古往今来,凡是成功人士,他们往往具有一个共性特质:善于自律,以达到某种目标。在我们追求梦想的路上,也充溢着形形色色使人难以抵制的名利诱惑,我们只有秉持一颗忠诚的心,才能坚持原则,不被诱惑打倒。

第 7 章
坚守你的灵魂，别被欲望左右

美国著名的心理学家米卡尔曾经做过著名的"糖果实验"。

实验的对象是一群4岁的孩子。米卡尔将他们留在一个房间里，发给他们每人一颗软糖，然后告诉他们："你们可以马上吃掉软糖，但如果谁能坚持到我回来的时候再吃，就能得到两块软糖。"他离开后，大概有百分之三十的孩子因为经受不住糖果的诱惑而吃掉了糖；有一部分孩子一再犹豫、等待，但还是经不住诱惑，将糖果塞进嘴里吃了；而另一部分孩子却通过做游戏、讲故事甚至假装睡觉等方法抵制诱惑，坚持了下来。20分钟后，实验者回到房间，坚持到最后的孩子又得到了一块软糖。

实验者跟踪研究了14年后，发现前后两种孩子的差异非常显著。坚持下来、自制能力强的孩子社会适应力较强，较为自信，人际关系也较好，能够直面挫折，积极迎接挑战，不轻言放弃。相反，那些自控力差的孩子怯于与人接触，优柔寡断，容易因挫折而丧失斗志，经常否定自己，遇到压力容易退缩或不知所措，更容易嫉妒别人，更爱计较，更易发怒且常与人争斗。这些孩子在中学毕业时又接受了一次评估，结果表明，4岁时能够耐心等待的孩子在校表现更为优异，他们学习能力较好，无论是语言表达、逻辑推理、集中精力、制订并实践计划、学习动机等都比较好。更让人意外的是，这些孩子的入学考试成绩普遍较高；而最迫不及待吃掉糖果的那三成孩子，成绩则较差。

由此，我们可以看到，一个人要想成功，控制住自己的欲望非常重要。

然而，在物质财富极大丰富、文化多元的现代社会，人们的需求和欲望不断地膨胀，人们很容易在追求物质的感官享受中逐渐迷失自我，像一艘失去航向和动力的大船，或远离航道，或停滞不前。事过之后才清醒，只能追悔莫及、抱憾终生。可见，我们只有远离了诱惑，才远离了危险，离成功的脚步也就近了一点。

中国人常说:"欲望无止境。"孔子也曾说过一句很有名的话:"富与贵,是人之所欲也,不以其道得之,不处也。贫与贱,是人之所恶也,不以其道去之,不去也。"意思是:富贵是每个人都想要的,但如果不是用光明的手段得到的,就不要它。贫贱是每个人所厌恶的,但如果不是以正大光明的手段摆脱的,就不摆脱它。也就是说,我们每个人都有追求成功和幸福的欲望,但不能被欲望控制。

对某些人来说,生命是一团欲望,欲望不能满足便痛苦,满足便觉无聊,人生就在痛苦和无聊之间摇摆。这样的人生无疑是可悲的。

尼采说,人最终喜爱的是自己的欲望,不是自己想要的东西!能够控制欲望而不被欲望征服的人,无疑是个智者。被欲望控制的人,在失去理智的同时,往往会葬送自己。

我们先来看下面这样一则寓言故事。

一只正在偷食的老鼠被猫逮住。老鼠哀求:"请放过我吧,我会送给你一条大肥鱼。"猫说:"不行。"老鼠继续说:"我会送给你五条大肥鱼。"猫还是不答应。老鼠仍不死心:"你放了我,以后我每天送给你一条大肥鱼。逢年过节,我还会加倍孝敬你。"

猫眯起眼睛,不语。

老鼠认为有门儿了,又不失时机地说:"你平常很少吃到鱼,只要肯放我一马,以后就可以天天吃鱼。这件事只有天知地知,你知我知,其他人都不知道,何乐而不为呢?"

猫依然不语,心里却在犹豫:老鼠的主意的确不错,放了它,我能天天吃到鱼。但放了它,它肯定还会偷主人的东西,胆子越来越大。我再抓住它,怎么办?放还是不放?如果放,它就会继续为非作歹,主人会迁怒于我,把我撵出家门。那时,别说吃鱼,就连一日三餐都没了着落。如果不放,老鼠或其同伙就会向主人告发这次交易,主人照样会将我扫地出门。如果睁只眼闭只眼,主人会认为我不尽职守,同样会将我驱逐出去。一天一条鱼固然不错,但弄不好会丢掉一日三餐,这样的交易不划算。

想到这些,猫突然睁大眼睛,伸出利爪,猛扑上去,将老鼠吃掉了。

猫是聪明的,它的选择也是正确的。面对老鼠的许诺,它最终还是选择了一日三餐。一日三餐便是它的底线。猫当然希望一日一鱼,但连起码的一日三餐都保不住的话,一日一鱼便成了水中月镜中花。

可悲的是,现实生活中的一些人,总是不安于现状,他们并不是被那些"一日一鱼"所诱惑,而是总有无止境的追求,于是,便在这所谓的追逐中失去了原本快乐的自我。

古人云:壁立千仞,无欲则刚。在诱惑面前,我们只有做到"无欲",做到心理平衡,才能抵挡得住诱惑。具体来说,我们应做到如下方面。

1. 坚定信念

信念是一股强大的精神力量,它能起到支撑我们行动的作用,是我们不断努力的力量源泉,还可以让我们的内心穿上一层保护衣,从而屏蔽诱惑。所以,在遇到诱惑的时候,千万不要放弃你心中的信念,因为它是你继续前进的动力和生存下去的支柱。

2. 认清不良诱惑的危害

面对纷繁复杂的诱惑,人们必须保持足够的定力,认清它背后存在的各种危险。因此,当你彷徨的时候,不妨问问自己:"如果我做了这件事,会有什么后果?""它是不是真的能带来成功呢?""为此,我会失去什么?"多问自己几次,你就能权衡出利弊得失了。

3. 做到专注于本质工作与慎微并行

抵制诱惑是一种意志和信念的较量。这需要掌握一种有力的心智盾牌——专注,唯有专注才能抵御诱惑。俗话说:"勿以善小而不为,勿以恶小而为之。"如果小事不注意,小节不检点,久而久之,必然会出大问题。

坚守内心的梦想,不在名利中沉沦

生活中,我们每个人都有属于自己的梦想,但是为了生活、为了生计,却与当初的梦想背道而驰,然而,也有一部分人,年少时他们也曾有自己的梦想,但在追求梦想的过程中,他们经受不住来自外界的诱惑,逐渐被尘世中的名与利迷乱了双眼,并在名利中沉沦下去。而当他们回首过去,却发现,自己已经远离当初的梦想。

在一个漆黑的、狂风暴雨的夜晚,大副从驾驶室出来走向船长说:"船长,船长,我们的海道上有灯光,而且它们不愿移开。"

"它们不愿移开是什么意思?叫它们移开。告诉它们立即右偏。"

信号发了出去:"右偏,右偏。"发回来的信号说:"你自己右偏。"

"我就不信。这是怎么了?让它们知道我是谁。"

信号发了出去:"这里是密苏里巨轮,请右偏。"

信号发了回来:"这里是灯塔。"

王鹏和李瑞是很好的朋友,他们一起从家乡偏远的小城镇考到了上海数一数二名牌大学的建筑系。在高中时代,王鹏的成绩明显地胜过李瑞一筹,但这种现象在大学时期并不是很突出。在四季的更替中,四年的大学生活很快就结束了,李瑞由于善于交往,有着不错的人际关系,毕业后落脚在上海,而且还捞到了一纸上海户口。王鹏在毕业之前因父亲病重回了趟家,考研及毕业联系就业单位的事情全耽误了。随后他一路不顺,在上海尝试到几家公司应聘,均遭到失败。

最后，他回到了老家的食品厂就职。

刚开始，王鹏对于工作很不适应，他与这里的人也格格不入。他仍然保有考研的志向，并坚持学习。但离下次研究生考试还有近一年的时间，他在漫长的等待中煎熬着。

在接连收到单位发放的还算不错的工资和奖金后，王鹏似乎有些满足了，他渐渐地适应了小镇的环境和单位的境况，而且学会了揩油，时不时也能尝到在这工作的甜头。后来，考研的话越来越少地被他提起，他似乎开始享受这种不愁吃喝的生活。没多久，有人开始给他做媒，单位也决定给他分房，涨工资……

就这样，一晃十多年过去了，他依旧在食品厂工作着，但不同的是，现在他的生活安逸多了，他晋升为厂里的副总，开着名车，住着别墅，风光极了。可是一起事件结束了这一切。原来，他为了扩充食品厂的厂房基地，看中了市郊的某片地，在投标的过程中，使用了一些非法手段，当然，这些被曝光后，他只得身陷囹圄。

其实，生活中，和案例中的王鹏一样，因为一些蝇头小利而放弃自己当初的梦想，甚至自甘堕落者并不少见。

那么，我们如何在追求梦想的同时做到不在名利中沉沦呢？

第一，树立正确的人生态度。

人生态度，是贯穿于人的一生的，它具体表现为人们对于人生所遇到的每个问题的态度，这种态度决定了人们的行为。当然，人生态度不同，人生每个阶段的态度也有所不同，但正是因为人生态度的不同，从而引发了不同的人生结果。

一个人只有拥有正确的人生态度，才能正确处理人生道路上的种种问题，才能获得成功、圆满的一生，否则，他不仅在每个具体问题上失败，人生也不会有一个好的结局。

第二，坚信自己的梦想。

据说，有一次，爱因斯坦上物理实验课时，不慎弄伤了右手。教授看到后叹口气说："唉，你为什么非要学物理呢？为什么不去学医学、法律或语言呢？"爱因斯坦回答说："我觉得自己对物理学有一种特别的爱好和才能。"

这句话在当时听来似乎有点自负，但却真实地说明了爱因斯坦对自己有充分的认识和把握。

人说，人生路漫漫，人生路奇妙，因为各种突如其来的选择，使我们与许多本来有缘的道路绝缘，又会走上本来不应产生关系的道路。你需要做的是，树立正确的人生道路，赶快规划自己的人生，永远给自己一个新的机会，这样才能离你的人生舞台越来越近！

正确的人生态度才能引领你走向成功和辉煌

生活中，人们常说"人生态度"一词，那么，什么是人生态度呢？人生态度，是指人们通过生活实践形成的人生问题的一种稳定的心理倾向和基本意愿。人生态度，主要包括人们对社会生活所持的总体意向，对人生所具有的持续性信念以及对各种人生境遇所做出的反应方式等，是人们在社会生活实践中所形成的对人生问题的稳定的心理倾向。

诚然，我们任何人，都应该有自己的梦想和抱负，但所有一切都应该以形成正确的人生态度为前提，尤其是对于一些年轻人来说，他们刚刚踏上人生的漫长路程，社会阅历尚浅，人生观也尚未形成，人生的基本态度还没有完全确立。如果形成错误的人生态度，将会影响一生。只有树立起正确的人生态度，才能使自己走好人生道路上的各个阶段，才能使自己在复杂的社会中，正确处理各种矛盾、战胜各种困难，历经曲折的征途，创造美好的人生。

第 7 章
坚守你的灵魂，别被欲望左右

在清代民间，人们常说，"和珅跌倒，嘉庆吃饱"。和珅之所以为千夫所指，可以说，就是由错误的人生态度导致的。

和珅最初为官时一心报效国家，与朝中的清官一起打击福康安、福长安等贪官污吏，更在26岁时就任管库大臣，管理布库，他从这份工作中学到如何理财，他勤劳地管理布库，令布的存量大增，他凭借这些才干，得到了乾隆的赏识。乾隆四十年（1775），和珅擢为乾清门御前侍卫，兼副都统。十一月再升为御前侍卫，并授正蓝旗副都统。乾隆四十一年（1776）正月，授户部侍郎；三月，授军机大臣；四月，授总管内务府大臣。这两年，和珅清廉为官、勤奋好学，成为一位有为的青年。

乾隆四十五年（1780）正月，海宁揭发大学士兼云贵总督李侍尧涉嫌贪污，乾隆下御旨命刑部侍郎喀宁阿、和珅和钱沣远赴云南查办李侍尧。起初毫无进展，后来和珅拘审李侍尧的管家赵一恒，对赵一恒严刑逼供，赵一恒起初还拼死抗争，拒不招认，后来终于耐不住痛楚，把李侍尧的所作所为——向和珅做了交待。和珅有了坚实的证据，心里就有了底，踏实下来。他把赵一恒交代的事项笔录下来，又命人召来了云南李侍尧属下的大官员，当着他们的面宣告了赵一恒的供述，那些原本忠于李侍尧的官员见和珅已掌握了证据，纷纷出面指控李侍尧的种种罪行，就连那些曾向李侍尧行贿的官员，也申明自己是迫于李侍尧的淫威，被迫行贿的。和珅取得了实据，迫使精明干练的李侍尧不得不低头认罪。和珅也因此被提升为户部尚书。

李侍尧案审结后，李侍尧被判斩监候，李侍尧和他的党羽一大份财产被和珅私吞，加上乾隆的赏赐，和珅终于初尝掌握大权大财的滋味。乾隆四十五年（1780）四月，其长子丰绅殷德，被乾隆指为十公主额驸，领受乾隆赏赐黄金、古董等，百官争相巴结。和珅起初不收贿赂，但日子一长，便开始贪污，他广结党羽，形成一股大势力（讽刺的是，党羽中包括当年在云南对和珅百般羞辱的李侍尧），更培植犯罪集团用以迫害政敌、地方势力和人民，俨然成了一个"金字塔"式的大贪污集团，和珅就立在"金字塔"的顶端。

嘉庆登基后，曾列出和珅20条罪状。后被嘉庆帝赐死。

乾隆年间，和珅为皇上宠信至极，官阶之高、管事之广、兼职之多、权势之大，清朝罕有。但这一切都是过眼云烟，损害了人民的利益，欺上瞒下，最终落得个狱中自尽并遗臭万年的凄惨结局。我们不难发现，为官之初的和珅原本是个清廉之人，但李侍尧案后，他尝到了金钱的滋味，才一失足形成了错误的人生态度，最终成千古恨。

我们不难发现，即使在今天，也有一些人，他们原本一直走在一条由正确的人生道路铺成的康庄大道上，但却经不住诱惑，为自己埋下了毁灭的炸弹。这种错误的人生态度一旦蔓延到民族或人类这一大群体上，就会产生严重的后果。

努力、诚实、认真、正直……严格遵守这些看似简单的道德观和伦理观，并把它们作为自己的人生哲学或人生态度不可动摇的基础。

树立正确的人生态度和人生哲学并始终贯彻执行，是我们安全行走于世的重要前提。只有这样，才能使我们每个人的人生走向成功和辉煌，同时也是人类走向和平与幸福的王道。

那么，什么是人生态度呢？人生态度就是对待人生的心态和态度，就是把人生看作什么。它是人生观的主要内容，也是人生观的直接反映和体现。它需要解决的是"人究竟应该怎样活着"的问题。不同的态度产生不同的人生观和价值观。比如，游戏人生和有所作为、努力争取还是听天由命、善待生活还是得过且过都是不同人生态度的反映。

总之，我们应该认识到，树立正确的人生态度，对于人的一生有着十分重要的意义，人生态度，具体地表现在人们怎样对待人生所遇到的每一个具体问题上，关系着人们在每一个具体问题上会得到什么结果。

第8章

克制自己，才能成就将来更美好的你

我们都知道，没有人能随随便便成功，成功需要有较强的意志力，更要有较强的自控力。自控力是成功和幸福的助力、保障，同时也是一个人性格坚强与否的重要标志。我们每个人都要记住一点，我们的人生是自己的，头脑也是自己的，所以，应该有自己的想法，而一味遵循他人的思想，不敢面对真理是懦弱的表现，这样的人生是悲哀的。我们应该成为主宰自己命运的人，走自己的路，走出自己的风格，走出自己的个性，我们的人生才是独特的、精彩的。

敢于走自己的路,世界都会为你让路

诗人但丁曾说:"走自己的路,让别人去说吧。"这句话的含义是,当你认为自己选择的路正确时,请坚持你的选择,别太看重别人怀疑和反对的态度,坚持自我,你会有更大的突破。

如果你想走的路与周围人的想法相背离时,你是坚持自己的想法还是听从他人的意见?其实,如果你认为自己的观点是正确的,那么,你就要坚持。相信自己是正确的,那么,你就敢走自己的路,就不怕失误、不怕失败,在大多数情况下,不敢自信走"小道"的人,通常也难成为创新型人才。

我们都渴望成功,但最终成功的往往是那些走"小道"的人,人云亦云者、混迹于人群中的人即使很有天赋,最终只能泯然众人。因此,如果你希望获得成功,就要有与众不同的思维,走与众不同的路。

理查德是毕业哈佛的高才生,但令人感到惊讶的是,他并没有和其他毕业生一样就职于某家大企业或成为某一行业的技术骨干,而是成为一个出类拔萃的油漆匠。

理查德的父亲也是一位手艺很好的油漆匠,在他年轻的时候,他成功偷渡到了洛杉矶,移民生活是辛苦的,而他正是凭借这一好手艺在洛杉矶站住了脚,后来,因为一次大赦,他拿到了绿卡,一家人也就名正言顺地成了美国公民。

理查德是个懂事的孩子,在他很小的时候,为了减轻父亲的工作压力,他常常帮父亲干一些油漆活。几年下来,他不但掌握了父亲所有的手艺,还在很多方面有所创新,这让父亲感到很诧异。

理查德在读书方面也表现出了与众不同的天赋,他在学校的成绩一直是前三名,在社区服务的记录一直是最好的,而且,他还获得过全美中学生美术展油画铜奖,这就使得他轻而易举地被哈佛大学录取。

在哈佛读书的4年,理查德虽然成绩一直名列前茅,但他似乎一直忘不了油漆工作,他觉得自己只有在抹油漆的过程中,才是快乐的,为此,一到周末,他就赶紧回家摆弄油漆。

很快,四年大学毕业,他坚持不继续深造,而是在洛杉矶找了一份不错的工作。

理查德在工作中也一直很努力,为此,老板嘉奖了他很多次,但他就是忘不了油漆。一次,当老板问及他对公司有什么建设性意见时,理查德不假思索地说:"公司经常要把一些零部件拿到外面去油漆,这样,浪费了成本不说,每次油漆的质量也不怎么样,如果公司能成立专门的油漆部门,那么,这个问题便能很好地解决。"

老板笑着说:"这简直太难了吧,买设备倒是小事,我们去哪里找那些优秀的油漆工呢?"

理查德说:"用不着找,你面前就有一个。"

于是,理查德道明了自己的想法,以及自己过去的经历,他还说,自己想招收一些年轻人,并且亲自培训。这个想法打动了老板,老板当即决定,成立油漆部,由理查德任经理兼技师。

回家后,理查德兴冲冲地告诉父亲自己升职了。听完儿子的话,老父亲半天没说出话来,他当然反对儿子这么做,但他也知道,自己是阻止不了儿子的。事实证明,理查德是对的,经过几年的经营,这个油漆部的工作非常出色,白宫的有些用品都指定在这里加工。

为什么理查德的故事在哈佛大学被广为传诵？因为哈佛希望学生们明白，一个人，只有走自己的路、坚持自己的想法，才能真正走出一条与众不同的康庄大道。

一个人，活着就必须活出自我，要有自己的主张，这样才能维持他的格调。一般人都只有"偏见"，而少有"主张"，尤其是自己独一无二的"主张"，所以难有吸引人的"特质"。

我们不难发现，那些真正的成功者多半是特立独行的。在他们追求成功的道路上，他们也听到了来自各方的反对声音，但他们始终坚持自己的信念，无论别人反对的态度有多么强烈，他们都坚持自己的意见，这才使他们有了更大的成就。我们再来看看以下名人成功的故事。

其实，许多事例证明，别人给予你的意见和评价，往往是不正确的。

音乐家贝多芬在拉小提琴时，宁可拉自己的曲子，也不愿做技巧上的变动，为此，他的老师曾断言他绝不可能在音乐这条道路上有什么成就。

20世纪最伟大的科学家爱因斯坦4岁才会说话，7岁才会认字。老师给他的评语是"反应迟钝，不合群，满脑袋不切实际的幻想"。

大文豪托尔斯泰读大学时因成绩太差而被劝退学。老师认为他"既没读书的头脑，又缺乏学习的兴趣"。

如果以上诸位成功人士不是走自己的路，而是被别人的评论所左右，那他们就不会取得举世瞩目的成就。

因此，人生路上，我们不必过于在意别人的看法。用心思考，你会发现，任何一个成功的故事无不来自伟大的想法，来自坚持自己内心的声音。

把持自我，让思维具备远见性

在生活中，我们常听老人说："做事之前就要想到后面四步。"其实，每向前走一步，我们都需要想应对的方法，如果不能看得那么远，至少我们需要看见前一步。这就是一种远见，的确，我们做事情，不仅需要稳当、周全，而且，不要急于求成，更不要被眼前的小事所累。在时机未成熟之前，我们一定要把持住自己。一个成大事的人，总是比身边的人看得稍远一点。著名的美孚公司曾做了一次赔本买卖，可是，从最后的结果来看，它虽然放弃了眼前的利益却收获了长远的发展，小利变大利、利滚利、利翻利，先前看似赔本的"买卖"，最终却收获了高额的利润。这是一种商业中的计谋，也是每个人需要学习的智慧。有时候，之所以需要我们学会自控，不被眼前的小事影响，其实是为了以后更长远的发展。

我们先来看下面这个故事。

春秋时期，有一次，宋、齐、晋、卫等十二国联合出兵攻打郑国。郑国国君慌了，急忙向十二国中最大的晋国求和，得到了晋国的同意，其余十一国也就停止了进攻。郑国为了表示感谢，给晋国送去了大批礼物，有著名乐师三人、配齐甲兵的成套兵车共100辆、歌女16人，还有许多钟磬之类的乐器。

晋国的国君晋悼公见了这么多的礼物，非常高兴，将8个歌女分赠给他的功臣魏绛，说："你这几年为我出谋划策，事情办得都很顺利，我们好比奏乐一样和谐合拍，真是太好了。现在让咱俩一同来享受吧！"可是，魏绛谢绝了晋悼公的分赠，并且劝告晋悼公："咱们国家的事情之所以办得顺利，首先应归功于您的才能，其次是靠同僚们齐心协力，我个人有什么贡献可言呢？但愿您在享受安乐的同时，能想到国家还有许多事情要办。古人云'居安思危，思则有备，有备无患。'现谨以此话规劝主公!"

魏绛这番远见卓识而又语重心长的话,使晋悼公听了很受感动,高兴地接受了魏绛的意见,对他更加敬重。这个故事中,魏绛就是个有远见卓识的人。正是因为他懂得从全局考虑,为晋悼公说了一番忠言,才赢得晋悼公的敬重。

在现实工作中,小到一名职员,大到一家公司,都需要有长远的打算,如果你只着眼于眼前的小恩小惠,迟早有一天你将被利益所吞噬,职场生涯同时也宣告结束。其实,即便是工作也不能含糊,哪怕是小事也需要我们去谋算,将自己的眼光放得更长一些,不为眼前的小事所累,把持住自己,这样我们的职场之路才会走得更远。

某食品公司因为人员调动,原销售部门的经理离职了,这一职位也就暂时空缺了下来,虽然整个部门有能力的人很多,但被总经理提名的只有两人。在周一的例行公会上,总经理就公布了这两位候选人的名字,并且要求他们在一个星期内拿出自己的市场推广方案,谁的方案优秀就由谁来担任部门经理。小李、小张同时被列为了候选人,两人平时还是好朋友,所以,这样一场竞争非常有意思,公司各部门员工对此议论纷纷。有人说小李绝对能胜任,因为他善于笼络人心;有人说小张绝对能胜任,因为他业绩比较突出。同时,有一个消息在办公室里炸开了锅,原来小李是经理夫人的亲弟弟,这可不得了,失败者似乎注定就是小张。

小张分析了其中的利害关系,心想:小李有了这层关系,看来自己终究是失败,不过,有什么要紧呢?如果自己真的失败了,表现得大度一些,努力配合小李的工作,给人留下好的印象,日后定会有高升的机会。他一边这样想着,一边准备市场推广方案。很快,一个星期就过去了,两人同时把方案交到了办公室。总经理在大会上宣布了结果,懂得笼络人心的小李胜出了。小张知道自己已经失败,变得坦然，鼓掌表示庆祝，似乎一点也不在意。

小李上任后，开始了管理工作。小张还是积极地跑市场，协助小李的工作，下班后，他与小李还是好朋友。公司里人的都说："小张这人真好，升职机会被好朋友抢了也不说什么""就是啊，而且，工作比以前更积极，这样踏实能干、谦虚的小伙子上哪儿去找啊"。三个月后，小张在小李的推荐下，因业绩突出被提升为部门助理。

本来，同事小李有好的关系，对于处于公平竞争中的小张似乎并不公平，小张大可以不服气而找上司理论，或在小李胜出后故意与之作对。但是，聪明的小张却很清楚眼前的人和事，自己要想有所作为，就必须将不服埋在心里，努力配合小李的工作，在公司博得一个好名声，这样，自己能力有了，也没得罪什么人，那高升的机会肯定会有。在这样斟酌之后，小张才将想法投入实际行动，最后，自己的目的也达到了。

现实生活中，有些人鼠目寸光，吃不得眼前亏、心胸狭隘、容不得一点损失，最终，他们难以成就大事。

要做到从全局思考问题，你一定要在日常的生活和学习中多汲取外界信息，这样方可开阔眼界、启发思路、做出具有远见卓识的决策。在当今知识、信息大爆炸的时代，信息已成为最重要的战略资源，它可以被提炼成知识和智慧，因而在战略问题的研究中越来越具有突出作用。

可见，对于我们来说，在做每一件事时更需要有长远的眼光，不计较眼前的得失，而是关注长远的发展，从而达到舍小利而保大局的目的。

专注于手头事,别被外界事物干扰

人生在世,要有一番成就,就必须努力、专注。我们发现,那些攀岩成功的人都有个共同特征,那就是他们不会三心二意,也不会向下看,他们会一直努力地攀登,这样,尽管脚下是万丈悬崖,他们也不会害怕。可见,如果我们想成就一番事业,就必须做到内心淡定,始终朝着目标前进。很多成功者在回望身后的辛酸血泪之路时,都会发现,真正内心淡定的人才是最后的赢家。

然而,出现在我们周围的干扰因素太多,能抵抗干扰是一种意志和信念的较量。这更需要我们培养自己的专注力,无论做什么事,我们都要尽量做到"充耳不闻",才能训练自己的专注力,才能一步一步进行自己的计划。

包维尔自小就十分喜欢摄影,大学毕业后,他对摄影到了痴迷的程度,无心去工作挣钱。从此包维尔过着简单的生活,从不理会自己的生活是富有还是贫穷,只要可以摄影也就够了。他穿着破裤子,吃着最简单的汉堡包。在别人眼里,他是困苦贫穷的象征。而包维尔自己却过得异常快乐。

在他27岁时,他的人物摄影技术开始登峰造极,成为世界公认的人物摄影大师,并为英国首相拍摄人物照,从此一发而不可收。至今为全世界100多位总统、首相拍过人物摄影。请他摄影的世界名流更是数不胜数,排队等候一两年是常事。包维尔是一位真正的世界顶尖级摄影大师。

从包维尔的故事中,我们得知,追求人生目标,只有内心平静、做事专注的人,才能从容不迫、不骄不躁地沉淀自己,最终取得一番成就。

在每一种追求中,作为成功之保证的与其说是卓越的才能,不如说是追求的目标。目标不仅产生了实现它的能力，而且产生了充满活力、不屈不挠为之奋斗的意志。因此，我们需要记住的是，世事繁杂，我们不必关注太多，只要做好手头事、着眼于当下，一步一个脚印，你就会有所收获。

事实上，无论做什么事，最要不得的就是三心二意。戴尔·卡耐基曾经根据很多年轻人失败的经验得出一个结论："一些年轻人失败的一个根本原因，就是精力分散，做不到专注。"托马斯·爱迪生曾说过："成功中天分所占的比例不过只有1%，剩下的99%都是勤奋和汗水。"这句话告诉我们做事需要专注，不腻烦、不焦躁、一门心思才能取得好的效果。

成功者之所以成功，就是因为能做到专注工作，在专注的过程中，他们的个性和智力得到了磨炼，在不断努力并获得成果的过程中，他们产生了活力和不屈不挠的奋斗意志。因此，在人的性格特征中，意志力是核心力量，概言之，意志力就是人本身。它是人的行动的驱动器，是人的各种努力的灵魂。做事过程中，我们也要运用意志力的力量，做到这一点，你也能获得卓越的才能。

相反，那些对奋斗目标用心不专、左右摇摆的人，对琐碎的工作总是寻找借口、懈怠逃避，他们注定是要失败的。如果我们把所从事的工作当作不可回避的事情来看待，我们就会带着轻松愉快的心情，迅速地将它完成。瑞典的查尔斯九世在他还年轻的时候，就对意志的力量抱有坚定的信念。每每遇到什么难办的事情，他总是摸着小儿子的头，大声说："应该让他去做，应该让他去做。"和其他习惯的形成一样，随着时间的流逝，勤勉用功的习惯也很容易养成。因此，即使是一个才华一般的人，只要在某一特定的时间内，全身心地投入和不屈不挠地从事某项工作，他也会取得巨大的成就。

一位自考毕业的男孩去应聘一家外贸公司经理秘书一职。但是，公司却给他安排了行政部文员的职位。男孩心想,只要自己耐心做好文员的工作,一样很好。于是,他就答应了。男孩的工作是负责接待客人和复印、打印等琐事。同事们总是把一些需要复印和打印的文件一股脑儿堆在男孩的桌子上,然后告诉他哪些需要复印、哪些需要打印、每种各需要多少份。男孩总是耐心地记录着各种要求,然后仔细地做。

有好几次,男孩的认真检查避免了公司的损失。因此,男孩真的被提拔为经理秘书了。

男孩是这样对人说的:"工作虽然简单,但是只要有超凡的耐心和细心,就会取得成功。"福韦尔·柏克斯顿认为,成功来自一般的工作方法和特别的勤奋用功,他坚信《圣经》的训诫:"无论你做什么,你都要竭尽全力!"他把自己一生的成就归功于"在一定时期不遗余力地做一件事"这一信条的实践。

人生就像马拉松赛跑,只有坚持到终点的人才有可能成为真正的胜利者。著名航海家哥伦布在他的航海日记中总是写着这样一句话"我们继续前进"。这话看似平凡,但却告诉了所有正在为目标奋斗的人一个道理:达成目标需要无比的信心和意志力。在这个过程中,你只有坚守内心的目标,付出艰辛的劳动,才会实现蜕变、获得成功。

总之,你需要记住的是,在对有价值目标的追求中,坚忍不拔的决心是一切真正伟大品格的基础。充沛的精力会让人有能力克服艰难险阻、完成单调乏味的工作、忍受其中琐碎而又枯燥的细节,从而顺利通过人生的每一个驿站。

培养自控力的第一步，是管住你的"嘴"

生活中，我们每个人都需要与人交往、交流，这无可厚非，但却有一些人，他们因为有很强的情感依赖性，在人际交往中，为了拉近彼此间的关系，常常对他人掏心掏肺，有点什么小秘密都藏不住，事后他们才发现，管不住自己的嘴，为自己带来了很多不必要的麻烦。

因此，我们每个人在培养自控力时，都有必要先学会管住自己的嘴巴。单纯的你，是否发现，你曾经就是因为这点而遇到了一些麻烦：你原本以为对方是个知心人，但事后你才发现，他是个专门挖别人隐私并到处散播的"小人"；你原以为对方听你诉说是因为同情你的遭遇，谁知道，他另有所图，而知晓真相后的你已经骑虎难下……这样的例子太多了。因此，你若想让自己远离是非、拥有良好的人际关系，就必须学会三缄其口、管住自己的嘴巴。

对此，我们先来看下面这个案例。

小蝶是一个勤快、善良的姑娘，刚进这家房地产公司时还是个新人，为了得到公司的认可，她几乎成了"工作狂"，并常常想出很多新颖实惠的点子来。她的第一次策划案得到了经理"有创意、很新颖"的表扬。经理的嘉奖让她更加自信大胆地工作。

小蝶在公司的人缘很不错，很快，她就与同龄人莉莉成了好朋友。在她忙得天昏地暗时，莉莉会适时地递上一杯咖啡；她加班时莉莉会送来一盒盒饭；当她的两只手恨不得当八只手用的时候，莉莉总是主动拿起材料帮她打印好。就这样，两人成了无话不谈的好朋友。可没想到，这个曾经感动小蝶的莉莉竟然做出了让人难以置信的事。

一次午饭时间，莉莉和小蝶一起在餐厅用餐，两人聊到了总经理。通过莉莉，小蝶才知道总经理居然还没结婚。莉莉问小蝶对总经理印象如何,小蝶就如实地说出了自己的感受:"他人挺好的,工作很认真负责,但有时候,似乎有点古板吧。"

没想到,第二天,小蝶就被叫到了经理办公室,遭到一顿训斥:"在公司,你做好自己的本职工作就可以,我的个人问题不需要你来操心吧?我没结婚,是因为我古板?我哪里古板?"小蝶顿时明白了,原来是莉莉出卖了自己。但事实上,她真的说过类似于总经理很古板的这些话,她只能将苦水往肚子里咽。从那以后,在工作上,无论小蝶怎么努力,似乎都得不到总经理的肯定。

其实,无论是工作还是生活中,类似于莉莉这样挑拨离间的人真是无处不在,表面上看,他对谁都很热心,但当你对其掏心掏肺时,他却在背地里捅你一刀,你们的谈话内容会被添油加醋地传到"第三者"那里,这些流言蜚语甚至可以置你于死地。

常言道:"逢人只说三分话,未可全抛一片心。"在结交朋友的时候,不要轻易把自己完全暴露给对方,过于坦诚,对友谊并无多少好处,何况你把自己完全"交给"对方,太过危险。毕竟"林子大了,什么鸟都有",可能在你身边发生过这样一些事:你曾听到你的同事在领导面前中伤另一个同事,而他们在人前是很好的朋友,其目的是减少竞争者;你看到一些人被钱财诱惑,不惜在利害关头出卖朋友……因此,你不要再天真地认为,这个世界上都是好人,也不要因为同事对你说了几句悦耳的话,就认为对方把你当知心朋友,然后对其和盘托出你所有的秘密,到最后被人利用了还蒙在鼓里。

可见,我们在与人交往时,都必须破除自己的依赖心理,都必须学会管住自己的嘴,这也是自控的第一步。少说话、说对话会让我们免除很多不必要的麻烦。为此,我们最好做到如下几点。

1. 说话谦逊低调

谦虚低调永远是为人处世的最佳信条。以工作为例,如果自己的专业技术很过硬，老板非常赏识你，这些就可以成为你炫耀的资本吗？再有能耐，任何时候都应该小心谨慎，强中自有强中手，倘若哪天来了个更加能干的员工，那你一定马上成为别人的笑料。如果业绩不错的你，得到了老板的嘉奖和一笔丰厚的奖金，更不要到处宣扬，因为，有些同事在恭喜你的同时，可能也在记恨你，对你咬牙切齿呢！

2. 有话好好说，切忌把与人交谈当成辩论比赛

与人相处要友善，说话态度要和气，即使有了一定的级别，也不能用命令的口吻与别人说话。虽然有时候，大家的意见不统一，但是有意见可以保留，对于那些原则性并不是很强的问题，没有必要争得面红耳赤。如果一味好辩逞强，会让他人敬而远之。

3. 远离挑拨离间

"你可能不知道吧，昨天下班后，我看见小刘和几个朋友一起在咖啡厅说你的坏话，你怎么得罪她了？""小张说你是周主任的表妹，是吗？她说你是靠亲戚关系进公司的，是吗？"……这样的流言蜚语我们一定没少听到过，要知道，在任何环境下，这样的话都是"软刀子"，是一种杀伤力很强的兵器，这种危害能够间接作用于人的心灵，它会让遭到危害的人十分厌倦不堪。

如果你十分热衷于散播一些挑拨离间的谣言，至少不要指望其他人热衷于聆听。经常性地挑拨离间，会让他人对你产生一种避之唯恐不及的感觉。所以，我们不要参与任何议论他人是非的行为，更不要传播和制造这类流言蜚语。

总之，人与人之间交往，交流必不可少，互诉衷肠，可以加深彼此情感、拉近心理距离。但我们一定要管好自己的嘴，千万不要试图通过倾诉自己或他人的秘密来赢得他人的支持和帮助，最终你会"赔了夫人又折兵"。

有自己的看法，你的大脑不能被人主宰

日常生活中，可能我们都有这样的感触：对于那些已经经过前人证实的观点或众人都认同的思想，我们通常会本能地接受省略思考的过程。而事实上，如果一个人总是有从众心理的话，那么，他最终会变得随波逐流、毫无创新意识和创新能力，进而一事无成。

哲学家尼采说："我们不能被人们的心理波动所驱使，错误地判断事物是否重要。"也就是说，对于任何事物，我们都要有自己的思考，要养成凡事不要看表象的习惯，有问题时就要有寻根究源的愿望，然后巧用逻辑思维找到答案，这一点，1000多年前的伽利略就给我们树立了榜样。

在伽利略之前，古希腊的亚里士多德认为，物体下落的快慢是不一样的。它的下落速度和它的重量成正比，物体越重下落的速度越快。比如，10千克的物体，下落的速度要比1千克的物体快10倍。

1700多年以来，人们一直把这个违背自然规律的学说当成不可怀疑的真理。年轻的伽利略根据自己的经验推理，大胆地对亚里士多德的学说提出了疑问。经过深思熟虑，他决定动手做一次实验。他选择了比萨斜塔作为实验场。

这一天，他带了两个大小一样但重量不等的铁球，一个重100磅，是实心的；另一个重1磅，是空心的。伽利略站在比萨斜塔上面，望着塔下。塔下面站满了前来观看的人，大家议论纷纷。有人讽刺说："这个小伙子的神经一定是有病了！亚里士多德的理论不会有错的！"实验开始了，伽利略两手各拿一个铁球，大声喊道："下面的人们，你们看清楚，铁球就要落下去了。"说完，他把两手同时张开。人们看到，两个铁球平行下落，几乎同时落到了地面上。所有的人都目瞪口呆。

伽利略的实验，揭开了落体运动的秘密，推翻了亚里士多德的学说。这个实验在物理学的发展史上具有划时代的重要意义。

表面上看，重的铁球应该是最先着地的，但实际上，伽利略向所有人证实了事实并非如此。

从这里，我们应该有所启示。很多时候，事物的表象往往具有迷惑作用，要想拨开迷雾，你要善于运用逻辑思维。因为逻辑思维既不同于以动作为支柱的动作思维，也不同于以表象为凭借的形象思维，它已摆脱了对感性材料的依赖。

一位心理学家称，每个人都容易羡慕别人，因为在比较中，你总会发现比你优越的人。很多人不禁感叹，自己何时能赶上别人？世界著名的成功学大师拿破仑·希尔著有《思考致富》一书，在书中，他提出是"思考"致富，而不是"努力工作"致富。希尔强调，最努力工作的人最终绝不会富有。如果你想变富，你需要"思考"，独立思考而不是盲从他人。

人都是独立的个体，对事物应该有自己主观的看法和评价，一味顺从别人的看法，你将找不到属于自己的路。然而，生活中有这样一些人，他们已经习惯了听从他人的意见，甚至缺乏判断力和选择的能力，这样的人怎么可能获得别人的尊重，又怎么可能独当一面呢？

所以，如果你希望在未来社会闯出一片天地，那么，从现在起，无论遇到什么，都要学会独立思考，切勿人云亦云。

为此，我们需要注意以下几点。

1. 采用稳健的决策方式

有时候，你的大脑可能会陷入哪个好哪个坏的争论之中，事实上没有这个必要，只要没有明确的二者择其一的必要，就不必太早做出决策。

2. 要养成独立思考的习惯

不能独立思考，总是人云亦云，缺乏主见的人，是不可能做出正确决策的。如果不能有效运用自己的独立思考能力，随时随地因为别人的观点而否定自己的计划，将会使自己的决策很容易出现失误。

3. 不要总是什么都试图抓住

过高的目标不仅不能起到指示方向的作用，反而由于目标订得过高，带来一定的心理压力，束缚决策水平的正常发挥。事实上，多数环境中，如果没有良好的决策水平做支撑，一味地追求最高利益，势必处处碰壁。

4. 不要怕工作中的缺点和失误

成就总是在经历风险和失误的自然过程中才能获得的。懂得这一事实，不仅能确保你的心理平衡，还能使你更快地向成功的目标挺进。

5. 不要对他人抱有过高期望

不听从他人，但也不能对他人百般挑剔，要知道，希望别人的语言和行动都符合自己的心愿，投自己所好，是不可能的，只会自寻烦恼。

一个人，活着就必须活出自我，就要学会支配自己的大脑，就要有自己的主张，这样才能维持自己的格调。总之，我们一定要有自己的想法、自己的原则，当你认为自己的观点是正确的时候，没必要为了讨好别人而迎合别人，也没必要因为害怕得罪人而对别人的要求来者不拒。

一个有从众心理的人是很容易人云亦云的，这种心理足以抹杀一个人前进的雄心和勇气，足以阻止自己用自己的努力去换取成功的快乐。它还会让我们只能跟随他人的脚步，以致一生都碌碌无为。因此，如果你想获得成功，那么，从现在起，无论做什么，都要学会独立思考，不要人云亦云。

多一份忍耐，少一份享乐

我们都知道，大千世界，处处存在辩证法，有得就有失，有失也有得，得与失是矛盾的统一体，要成功就必须放弃享乐。我们不难发现，大凡取得一些成就的人，必定经受过一些磨难，吃尽了苦头，才能等到出头之日，一鸣惊人。在这个过程中，他们不断地忍耐着痛苦与辛酸，精神上的、身体上的，那些痛彻心扉的日子，他们咬着牙，将滴落的血吞进肚子里。有时候，为了实现自己心中的理想，他们可能需要寄人篱下，甚至遭人白眼、受人讽刺，但他们都忍了过来，在这个过程中，他们放弃的就是暂时的享乐。但实际上，他们明白，他们最终会守得云开见月明，到那时，自己以前所受的苦难都是值得的，因为它们已经凝结成了耀眼的成功的光环。

数九寒天，一座城市被围，情况危急。守将决定派一名士兵去河对岸的另一座城市求援。这名士兵马不停蹄地赶到河边的渡口，但却看不到一条船。平时，渡口总会有几条木船摆渡，由于兵荒马乱，船夫全都逃难去了。士兵心急如焚。他的头发都快愁白了，假如过不了河，不仅自己会成为俘虏，而且整座城市也会落入敌人手里。

太阳落山，夜幕降临。黑暗和寒冷，更加剧了士兵的恐惧与绝望。更糟糕的是，刮起了北风，到了半夜，又下起了鹅毛大雪。士兵瑟缩成一团，紧紧抱着战马，借战马的体温取暖。他甚至连抱怨自己命苦的力气都没有了，只有一个声音在他心里重复着：活下来！他暗暗祈求：上天啊，求你让我再活一分钟，求你让我再活一分钟！当他气息奄奄的时候，东方渐渐露出了鱼肚白。

士兵牵着马儿走到河边，惊奇地发现，那条阻挡他前进的大河上面已经结了冰。他试着在河面上走了几步，发现冰冻得非常结实，他完全可以从上面走过去。士兵欣喜若狂，牵着马轻松地走过了河面。

城市就这样得救了，得救于士兵的忍耐和等待。

对成功人士来说，任何委屈都不足以让他心灰意冷，相反，更能鼓舞士气，激发他一定要做成大事的欲望。能忍耐的人，能够得到他所要的东西。忍耐即是成功之路，忍耐才能转败为胜。

在人生的道路上，我们如何选择前行的道路，决定了我们生命的高度，一些人贪图享乐，总是一条道走到黑，他们浑浑噩噩地度过每一天，在错误的道路上越走越远，甚至在追逐已定目标的道路上逐渐迷失了自我。因此，我们每个人都应该学会正确地定位自己、认清自己，看到自己的价值，然后找准目标，挖掘自身的内在动力，再朝着正确的方向努力，你就能充分发挥自己的价值。总之，我们要告诫自己，绝不做一个没有追求、漫无目的的享乐主义者！

然而，我们不得不承认的一点是，现代社会，随着物质生活的提高和科学技术的进步，一些人被周围的花花世界所诱惑，一有时间，他们就置身于灯红酒绿的酒吧、歌厅。就连独处时，他们也宁愿把精力放在玩游戏、上网上，时间一长，他们的心再也无法平静了，他们习惯了天天玩乐的生活，再也没有曾经的斗志，只能庸庸碌碌地过完一生。

因此，无论何时，我们都要控制自己的"玩"心，享乐只会让我们不断沉沦，闲暇时我们不妨多花点时间看书、学习，不断地充实自己，才能在未来激烈的社会竞争中立于不败之地。

每天下班后，我宁愿去图书馆看看书，也不愿意和一群人聚在酒吧。每读一本书，我都能获得不同的知识，有专业技能上的、有人生感悟上的、有风土人情、有幽默智慧，我很享受读书的过程。每次从图书馆出来都是夜里10点，在回家的路上，看着路边安静的一切，风从耳边吹过，我真正感到了内心的安宁。同事们都说我这人太宅了，但我觉得，这样的生活很充实，内心有书籍陪伴，我从不感到孤独。

实际上，在很久以前，我也是个爱玩的人，常常和朋友喝酒喝到半夜才回家，一到周末就约朋友出去吃饭、唱歌，我很少一个人待着。真当我一个人在家的时候，我也会找一些娱乐项目，比如上网、打游戏、跳舞等，我觉得自己根本闲不下来。

就在我30岁生日那天，发生了令我这辈子都无法释怀的一件事。我的一个朋友，那天晚上，我们喝得很多，离席后，他开着车自己回去了，谁知道在半路上出了车祸。我很后悔，假如我当时不让他喝那么多酒，他就不会出事。从这件事以后，我改变了对人生的看法，如果我的下半生还是这样浑浑噩噩地过，那么，我和一具行尸走肉又有什么区别呢？

后来，在一个图书馆管理员朋友的推荐下，我开始接触各种各样的书籍，从这些书中，我学到了很多……

这是一个深爱读书、拒绝玩乐的人的内心独白，的确，他说得对，一个整天玩乐的人就如同一具行尸走肉，内心真正的快乐其实并不是玩乐带来的，而是努力充实自己的心灵。

任何一个人，要想有一番作为，就必须学会自控，控制自己的"玩"心、剔除自己的享乐主义心理。事实上，那些成功者之所以成功，并不是因为他们喜欢吃苦，而是因为他们深知只有磨炼自己的意志，才能让自己保持奋斗的激情，从而不断进步。

第9章

我们的敌人往往不是苦难，而是不肯吃苦的自己

古人云："生于忧患，死于安乐。"任何一个人，要想成功，实现人生价值，都要吃苦，都要磨炼自己的意志。现代社会，随着物质生活的逐渐提高，人们吃苦的"机会"逐渐变少。正是因为这样，他们在真正遇到困难时，便少了一份毅力，少了一份坚强。因此，我们每个人都必须学会吃苦，在最能吃苦的年纪习得一身本事，才能充实自我，为成功打好基础。

活在哀怨的苦难中，不如努力向前

欧洲有位艺术家，要画一幅耶稣的画像。由于耶稣是上帝的儿子，代表着神圣的形象，应该画得庄严肃穆，因此，这位画家便四处寻找相貌很好的模特儿，并且完成了这幅千古佳作，受到举世的赞扬。

过了几年，有人提议，光有这幅惟妙惟肖的耶稣画像还不够，不能显现耶稣的伟大，如果再画一张魔鬼撒旦的像和此相比照，效果一定更好。可是面貌长得像魔鬼的人要到哪里去寻找呢？最后只好到监狱找一面相凶恶的囚犯做模特儿。

当画家为囚犯画像时，这个囚犯突然掩面哭泣起来。画家就问他："你怎么哭了呢？"

"我是触景伤情，忍不住悲伤才哭的。"

"什么事让你如此痛心呢？"

"几年前我也曾当过你的模特儿，想不到数年后我又遇到你，可是人生的境遇却完全两样！"原来，这个囚犯就是先前充当耶稣画像的模特儿。

画家听了大吃一惊，问道："你的相貌怎么变得如此凶狠可怕呢？"

囚犯说，当时他得到这笔酬金后，吃喝嫖赌，做尽坏事，甚至以身试法，进了牢狱，相貌也因此变凶恶了。

相随心转，你的心可以让你变耶稣，也可以让你变撒旦，就看你自己了。

　　这个故事告诉生活中的所有人，命运的主动权就掌握在我们自己手里，最终成为耶稣还是撒旦，也由我们自己决定。

　　有这样一句名言："高贵快乐的生活，不是来自高贵的血统，也不是来自高贵的生活方式，而是来自高贵的品格——自立精神，看看那些赢得世人尊重、处处施展魅力的高贵的人，我们就知道自立的可贵。"享有特权而无力量的人是废物，受过教育而无影响的人是一堆一文不值的垃圾。找到自己的路，上帝就会帮你！

　　生活中的我们，也应该有一种不服输的精神，那么，无论做什么，都拿出你的勇气吧，"从来就没有什么救世主……幸福全靠我们自己"，这是板上钉钉的真理。即使你在生活中遇到困难甚至是身处逆境，也不必太在意。因为你无法更改存在着的铁一样的事实。如果你太在意，不经意间就会钻进牛角尖，就会得不偿失。那么，办法只有一个：你要学缸中豆芽、被石头压着的小草，慢慢发芽和吐绿，用顽强不息的精神与命运抗争。说不定会在哪一天的清晨，当你疲惫不堪、睡眼蒙胧时就会发现，在絮云被狂风翻卷，如卷轴般拉开的天际，会现出柔美淡红的一道弧曲线，那便是云开雾散璀璨阳光到来之际。

　　现实生活中，总有人一味沉溺在已经发生的事情中，不停地抱怨、不断地自责。这样一来，将自己的心境弄得越来越糟。这种对已经发生的无法弥补的事情不断抱怨和后悔的人，注定会活在迷离混沌的状态中，看不见前面一片明朗的人生。之所以这样，是因为经历的磨炼太少。正如俗语说的那样：天不晴是因为雨没下透，下透了，也就晴了。

　　富兰克林·德拉诺·罗斯福总统39岁时，一场高烧使他染上了小儿麻痹症。这突如其来的灾难差点把他打垮，开始他不肯接受这一残酷而不容改变的事实，不断做着一些无谓的挣扎，结果带给他的是一个又一个无眠的夜晚。终于在经过一段时间的自我斗争后，他无奈地接受了现实，开始以顽强和乐观的态度适应现实。他下肢瘫痪并从此终生与支架或轮椅相伴，他把这飞来的横祸当成上帝早已预定的命运之约。生理的残疾没有使他性格乖戾和愤世，在他此后生命的各个时段里，他以乐观和坚强赢得了那些政敌的肯定。

的确，尘世之间，变数太多。事情一旦发生，就绝非一个人的心境所能改变。伤神无济于事，郁闷无济于事，一门心思朝着目标走，才是最好的选择。相反，如果跌倒了就不敢爬起来，就不敢继续向前走，或决定放弃，那么你将永远止步。生活中的人们都应该记住：我们的命运由我们的行动决定，而绝非完全由我们的出身决定。每个人的起点并不能决定其人生结果。在这个世界上，永远没有穷富世袭之说，也永远没有成败世袭之说，有的只是我奋斗我成功的真理。

想成功，就对自己狠一把

哈佛有一句名言："请享受无法回避的痛苦，比别人更早更勤奋地努力，才能尝到成功的滋味。"在人生的道路上，我们若想有所收获，就必须学会吃苦、学会苦中作乐。

所以，要想成功，就必须对自己狠点儿。如果我们想改变自己的行为，就必须把我们的旧行为和痛苦连在一起，而把所希望的新行为和快乐连在一起，否则任何改变都不会持久。比如，在挫折面前，人们有着不同的理解，有人说挫折是人生道路上的绊脚石，有人却说挫折是垫脚石，之所以人们有如此不同的态度，就是因为他们的自控力不同，所谓"百糖尝尽方谈甜，百盐尝尽才懂咸"。与河流一样，人生也需经历了洗练才会更美丽，经过了枯燥与痛苦，才能收获成功的果实。

无论怎样，事业是做出来的而不是说出来的，辛勤耕耘的人，永远都有市场。

一个乡下人在山里打柴时，拾到一只样子怪怪的小鸟，他就把这只怪鸟带回家给儿子玩耍。后来人们发现那只怪鸟竟是一只鹰。时间久了，村里的人对于这种鹰鸡同处的状况越来越害怕，人们一致强烈要求：要么杀了那只鹰，要么将它放生。这家人自然舍不得杀它，他们决定将鹰放生，让它回归大自然。然而，他们用了许多办法都无法奏效。后来村里的一位老人说：把鹰交给我吧，我会让它重返蓝天，永远不再回来。老人将鹰带到附近一个陡峭的悬崖绝壁旁，然后将鹰狠狠向悬崖下的深涧扔去，如扔一块石头。那只鹰开始也如石头般向下坠去，然而快到涧底时它终于展开双翅托住了身体，开始缓缓滑翔，然后轻轻拍了拍翅膀，飞向蔚蓝的天空，它越飞越自由舒展，越飞动作越漂亮，这才叫真正的翱翔，蓝天才是它真正的家园啊！

记得一篇文章中有这样一段话：当面对一堵很难攀越的高墙时，不妨把你的帽子扔过去，然后你就不得不想尽一切办法翻过高墙。"把自己的帽子扔过墙去"，这就意味着你别无选择，为了找回自己的帽子，你必须翻过这堵围墙，毫无退路可言，这就是给自己施加压力，让自己永远不要有退缩的念头，去战胜困难、争取成功。

曾国藩说："吾平生长进，全在受挫受辱之时，打掉门牙之时多矣，无一不和血一块吞下。"如果经不起挫折，忍受不了挫折带来的痛苦与失败，我们就将沉埋在毫无希望的生活里，永远没有前进的方向。凡事能够成大事者，必须耐得住痛苦，忍受得了失败的打击，因为成功需要风风雨雨的洗礼，而一个有追求、有抱负的人，总是视挫折为动力。他们为什么能做到视挫折为动力？因为他们拥有惊人的能力，能看到"风雨"之后的"彩虹"，那么，他们又何惧"风雨"呢?

当我们处于痛苦之中时,该如何来进行自我调节?你可以尝试这样做:现在,你诚恳地问自己,在过去的5年,你在人生的各个阶段因为旧习惯付出了哪些代价?如果用金钱衡量会是多少?给你心爱的人带来了哪些伤害?而接下来的一年、两年或更多的时间,如果你仍然没有做出任何改变,那么,你会因此付出哪些代价?如果用金钱衡量会是多少?会给你心爱的人带来哪些伤害?请详细描述你看起来会怎么样?有什么感觉?如果你能做出一个明智的比较,相信你就能找到前进的动力了。

不狠心,那些恶习怎么能改掉

一种行为习惯,是人们成长过程中,在很长一段时间内逐渐形成的行为倾向。从某种意义上说,"习惯是人生最大的导师"。世界著名心理学家威廉·詹姆士这么说的:播下一个行动,收获一种习惯;播下一种习惯,收获一种性格;播下一种性格,收获一种命运!

可见,好的习惯是十分重要的,它可以让人的一生发生重大变化。满身恶习的人,是成不了大气候的,唯有养成好习惯的人,才能实现自己的远大目标。这就告诉所有正在成长阶段的人们,你若想拥有一个成功的人生,就必须改掉当下的一些坏习惯。

著名教育家叶圣陶先生也认为,要养成某种好习惯,要随时随地加以注意,身体力行、躬行实践,才能"习惯成自然",收到相当的效果。因此,在日常生活中,我们也要注意自己的言行习惯,"行成于思毁于随",良好习惯的形成,是严格训练、反复强化的结果。

苏格拉底门下有很多学生,他经常带领这些学生四处游历、饱览名山大川。几年下来,这些学生都学到不少知识,有些还成为满腹经纶的学者,为此,苏格拉底感到很欣慰,对于这些学生而言,他们也认为自己可以顺利"毕业"了。

一天,苏格拉底带领这些学生来到一片旷野,他让大家在草地上围坐在一起,然后对他们说:"现在,你们个个都是饱学之士,你们也可以从我这儿毕业,但最后一次,我再问你们一个问题。"毕业前,老师问的问题当然很重要了,学生们一个个竖起了耳朵,想听听老师会问什么问题。

"我们现在坐着的是什么地方?"苏格拉底问学生们。

学生们回答道:"旷野。"

苏格拉底又问:"这里长了什么?"

学生们答曰:"草。"

苏格拉底说:"是的,你们都回答正确这里长满了草,那么,接下来,我要问的是,你们用什么办法,才能清除这些杂草?"

这是哲学问题吗?一向严谨的老师,怎么会问这么简单的问题?清除杂草明明是农民应该思考的问题。学生们都对苏格拉底提出的问题感到很好奇,但他们还是按照自己的想法一一作答。

"这个问题太简单了,用手拔掉就行了吧。"一名学生抢先开口。

另一名学生答道:"用镰刀割掉,那样会省力些。"

第三名学生回答得更为干脆:"用火烧更彻底。"

苏格拉底从草地上站起来,清了清嗓子,然后说:"那么,同学们,现在你们就按照自己的方法,划定一片区域,将各自区域的杂草清除掉,明年,我们再来看自己的战果,看看谁的方法更有效。"

约定的时间到了,所有的学生都齐聚在这片曾经长满杂草的地方。令他们高兴的是,这里再不是杂草丛生,但却依然有参差不齐的杂草在风中摇摆。然后,苏格拉底带领他们来到另外一块地方,这里不是学生们除草的范围,这里没有杂草,而是长满了旺盛的麦苗,学生们凑近一看,看到了一块木牌,那是苏格拉底的笔迹,上面写着:"要想除掉旷野里的杂草,方法只有一种,那就是在上面种上庄稼。"

学生们恍然大悟。

用麦苗根除杂草是一种智慧。我们在培养习惯时,是否可从苏格拉底那里领悟借鉴呢?好习惯多了,坏习惯自然就少了。

有专家说:"养成习惯的过程虽然是痛苦的,但一个好习惯的养成,将是我们终生的财富。因此,暂时的痛苦,又算得了什么?根据西方人文科学家的研究,一个习惯的培养平均需要21天,只要我们认真去做,就等于说我们吃了21天的苦,却得到了一辈子的甜,这是一个很值得和很高效的事情。

1. 自制力不强

这是一个循序渐进的过程,因为自制力的形成不是一蹴而就的,也不是下了决心就能获得的,而是一个长期的过程。

以学习为例,如果你决定从明天起好好学习,要每天学习10小时以上,那么,你很可能因为没有达到目标而气馁,如果你先给自己定一个较为合理的目标,比如,你可以在第一周每天学习1小时,少玩15分钟,倘若做到这一点的话,第二周每天学习1个半小时,少玩20分钟,再做到这一点的话,就可以每天学习2小时,少玩30分钟。慢慢地,你会发现,自觉地学习已经成为你的一种习惯,而自制力也自然而然地形成了。任何坏习惯的改变或好习惯的形成都可以采取这个方法。

请记住,循序渐进有利于培养自己的自信心,并且不会给自己造成过大的心理压力,从而能轻松地锻炼自制力!

2. 准备不足

一些人在尝试中失败了,并不是因为他们缺乏勇气,而是因为准备不足。因此，从现在起，无论你对自己的评价如何，都不要掉以轻心。

3. 不能坚持到底

你也想努力做一件事，如钻研某件乐器、搞好学习等，但使你最终不能成功的原因往往是你中途退缩。如果你不能在青春期就克服这一坏习惯，那么，它会影响你的一生。

4. 不吸取教训

成功者之所以成功，并不是因为他们杜绝了所有的错误，而是因为他们能从错误中吸取教训，不断改正错误；同样，失败者之所以失败，是因为他们常常重复错误。的确，很多时候，从错误中学到的东西常比成功教我们的多，犯了错却不吸取教训，白白放弃如此宝贵的受教育机会实在可惜。

总之，习惯的养成，并非一朝一夕之事；要想改变某种不良习惯，也常常需要一段时间。有专家的研究发现，21天的重复会形成习惯，90天的重复会形成稳定的习惯。所以，一个观念如果被别人或自己验证了21次以上，它一定会变成你的信念。

千万别做"扶不起的阿斗"

古话说："艰难困苦，玉汝于成。"任何人，要想成才、成功，不回避"艰难困苦"，方能"玉汝于成"。所以，在日常生活中，我们要学会吃苦，在必要的"穷"和"苦"中得到锤炼，懂得以艰苦奋斗为荣，以骄奢淫逸为耻，方才体会到靠自己的努力争取得来的快乐，也才懂得珍惜。

我们知道，历史上有名的"扶不起的阿斗"，其实，他的昏庸无能很大一部分原因就是缺乏锻炼的机会，闹了"乐不思蜀"的笑话。

刘备去世后,他的儿子刘禅顺利登机,成为新一代蜀国皇帝。刘禅有个小名叫阿斗,他是个昏庸无能的人。刘备死前,曾经将刘禅交给诸葛亮辅佐,因此,一段时间内,蜀国还是没有什么问题,但诸葛亮等辅佐之臣死后,刘禅很快就被魏国俘虏了。

蜀汉被灭之后的一段时间内,刘禅留在成都,后来,司马昭觉得不妥,便把他转移到了洛阳。

刘禅到了洛阳,便被司马昭封为安乐公,并且,与他同行的蜀汉大臣也被封了侯。司马昭这样做,无非是为了笼络人心,稳住对蜀汉地区的统治。但是在刘禅看来,却是很大的恩典。

有一次,司马昭大摆酒宴,便邀请了刘禅以及蜀汉的旧臣。席间,司马昭叫来了一些歌女出演蜀国歌舞,众大臣纷纷有所感触,想起了自己的亡国痛苦,有的还流下泪来,唯独刘禅,好像在自己的行宫一样毫不动容。

这一切,都被司马昭看在眼里。宴会后,他对贾充说:"蜀国出现刘禅这样无能的君主实在可笑,没心没肺到这步田地!即使诸葛亮再世,也无力维持蜀汉的政权了。"

过了几天,司马昭在接见刘禅的时候,问刘禅:"您还想念蜀地吗?"

刘禅乐呵呵地回答说:"这儿挺快活,我不想念蜀地。"

刘禅懦弱无能的弱点其实和诸葛亮有很大的关系。刘备在世时,诸葛亮便拥有一切大权,丝毫没有给刘禅任何锻炼的机会。刘备死后,阿斗17岁正是长见识增才智的时候,而诸葛亮却包揽一切,阿斗仍然是"温室中的花朵",诸葛亮一死,阿斗便六神无主了。

其实,之所以强调不能丢下吃苦这一品德,是为了对年轻人意志品质的磨砺、锻炼、培养。我们发现,那些功成名就的伟大人士,无不饱经了生活的苦难和精神的洗礼,从而获得了意志和能力上的升华，恰恰相反的是，那些衣食无忧、受人百般呵护的人或多或少都有些性格、品行甚至价值观上的缺陷，蜜罐里长大的人弱点多。

现实生活中，一些年轻人不愿吃苦，是和他们的生活环境与家庭教育有关系的，因此，从年轻人自己的角度看，要想从吃苦耐劳的过程中有所收获，就应该将吃苦融入日常生活中，无论在生活、工作还是学习上，多吃点苦，凡事靠自己，会对你有所帮助。

我们先来看这些国家的孩子是怎么吃苦的。

在德国，只要孩子满18岁，很多父母就会断了孩子的生活费。对于这些孩子来说，他们要自己打工挣钱，至于挣多少、怎么花，父母也是不干涉的。当然，对于一些花销较大或孩子无法独自承担的开销，比如考驾照，父母就得帮孩子分担一部分了。

在北欧的挪威，打工的孩子也很多，他们挣的钱更是不少，有的孩子能用自己打工的钱去国外旅游一圈。比如，高中时，他们就可以一边打工，一边上学，等到放暑假或寒假，他们就会拿打工赚的钱去旅游。他们要么去饭馆端盘子、刷碗，要么给人送报纸等。

而在美国的芝加哥，这个美国较富裕的地区，依然有很多打工的孩子。比如，曾经有记者看到，一个炎热的夏日里，3个七八岁的孩子在路边卖一毛钱一杯的柠檬汁。而在路边的大树下，一位中年妇女躺在那里，看样子，她是孩子们的母亲。每当孩子们赢得了一位路过的顾客，他们便会大声地向那中年妇女喊道："妈妈，又是一毛钱！"眼睛里闪着兴奋与骄傲的孩子们，当天下午赚了两块多钱。这位妈妈不但为孩子们创造了一个真实的游戏，同时也从一个小的侧面教孩子们认识到金钱与工作的关系。

据美国媒体报道，很多孩子，包括前总统奥巴马的女儿萨莎和玛利亚，都通过帮忙做家务赚取一周的零用钱。奥巴马说，他只给自己的两个女儿每人每周一美元,作为她们做家务的报酬,比如布置餐桌、清洗碗盘。

走向社会是每个人必将经历的人生课题,参加社会实践,能让我们在成长道路上既开拓视野,又增长智慧,最重要的是,能通过亲身感知社会现实状况,从而珍惜现在的生活,在吃苦中逐渐独立,形成良好的品质和人格。

当然,你并不需要在生活中刻意让自己受苦,吃苦是一种心理承受力。人在艰苦的环境中,战胜的不是环境,而是自己。"逼"自己去吃苦,忍耐力就会降到最低,不仅不能磨炼意志,还会产生受挫意识。

再忍忍,咬咬牙就能过去

对于生活,我们需要明白的是,人生之所以有失败,是因为你要突破要挑战。身陷绝境,就不要诅咒。失败是你错误想法的结束,也是你选择正确做法的开始。你不在绝境中发迹,就在绝境中沦落。处在绝望境地的奋斗,最能启发人潜伏着的内在力量;没有这种奋斗,便永远不会发现真正的力量。

几年前,一支世界探险队准备攀登马特峰的北峰,在此之前从未有人到过那里。记者对这些来自世界各地的探险者进行了采访。

记者问其中的一名探险者:"你打算登上马特峰的北峰吗?"他回答说:"我将尽力而为。"

记者问另一名探险者:"你打算登上马特峰的北峰吗?"这名探险者答道:"我会全力以赴。"

记者问了第三个探险者同样的问题。他说:"我将竭尽全力。"

最后，记者问一位美国青年："你打算登上马特峰的北峰吗？"这个美国青年直视记者说："我将要登上马特峰的北峰。"

结果，只有一个人登上了马特峰的北峰，就是那个说"我将要"的美国青年。他想象自己到达了目的地，结果他的确做到了。

成功的秘诀就是，当你渴望成功的欲望就像你需要空气的愿望那样强烈的时候，你就会成功。

当然，坚持不是原地踏步，它是在逆流中向前，是顶着压力向上，它是积极地争取，而不是无奈地等待……你也许正在黑暗的夜色中摸索，但紧接着到来的不就是光明的早晨吗？坚持是一个过程，还是一个漫长的过程。只有保持一种坚韧不拔、百折不挠的执着和顽强，拥有足够的耐心和毅力，才有可能走完这个过程。

1952年7月4日清晨，浓浓大雾笼罩整个海岸，一位34岁的妇女，从海岸以西21英里的卡塔林纳岛涉水下到太平洋，开始向加州海岸游去。如果她成功了，她就是第一个游过这个海峡的妇女，这名妇女叫费罗伦丝·查德威克。

在此之前，她是从英法两边海岸游过英吉利海峡的第一个女性。当时，雾很大，海水冻得她身体发抖，她几乎看不到护送她的船。时间慢慢流逝，千千万万的人在电视上看着。在以往这类渡游中，她的最大困难并不是疲劳，而是冰凉刺骨的海水。15小时之后，她被冻得发麻又很累。她感觉自己不能再游了，就叫人把她拉上船。

另一条船上她的母亲和教练都告诉她海岸已经很近了，叫她不要放弃。但她朝加州海岸望去，除了浓雾什么也看不到。几十分钟之后，人们将她拉上船。又过了几个，她渐渐暖和了，这时她回忆起自己渡游的经历。她不假思索地对记者说："说实在的，我不是为自己推脱，如果当时我看见了陆地，就能坚持下来。"实际上，人们拉她上船的地点，离加州海岸只有半英里！

令查德威克半途而废的既不是疲劳,也不是寒冷,而是她在浓雾中看不到目标。查德威克小姐一生就只有这一次没有坚持到底。两个月后的一天,她成功地游过了这个海峡。她不但是第一位游过卡塔林纳海峡的女性,而且以超出两个小时的成绩打破了男子纪录。

这一案例中的女主人公查德威克的确是个游泳好手。为什么第一次她没有游过卡塔林纳海峡?这正如她说的,因为她看不到目标,看不到终点,最终她放弃了。而在第二次的尝试过程中,她能游过同一海峡,是因为她鼓起了勇气。

对于任何人来说,在追求成功的过程中都会遇到挫折与失败。挫折是生活的组成部分,你总会遇到。世间的万事万物,无一不是在挫折中前进的。即使是灾难也不足以让你垂头丧气。有时候,可能一次可怕的遭遇会使你备受打击,认为未来失去了意义。在这种情况下,你必须相信:灾难中也常常蕴含着机遇。

奥斯特洛夫斯基说得好:"人的生命似洪水在奔腾,不遇着岛屿和暗礁,难以激起美丽的浪花。"如果你在失败面前勇敢进攻,那么人生就是一个缤纷多彩的世界。也正如巴尔扎克的比喻:"挫折就像一块石头,对弱者来说是绊脚石,使你停滞不前,对强者来说却是垫脚石,它会让你站得更高。"

所以,如果你已经成功了,你要由衷感谢的不是你的顺境,而是你的绝境。当你陷入绝境时,就证明你已经得到了上天的垂爱,将获得一次改变命运的机会。如果你已经走出了绝境,回首再看看,你会发现,自己要比想象的要伟大、要坚强、要聪明。

战胜自己的人，才配得到上天的奖赏

"人生十四最"中有这样一句话：人生最大的敌人是自己。的确，人要想超越他人、要想成功，就必须先超越自己，战胜自己的意识、信心和外界的一切压力。而当人们面对挫折和困难时，却往往容易被这些意识、信心、压力打败，从而功亏一篑，败给自己。的确，金无足赤，人无完人，人最大的敌人是自己。只有能够战胜自我的人，才是真正的强者。

"要战胜别人，首先须战胜自己。"这是智者的座右铭。人生路上，我们会遇到一些挫折，但我们的敌人不是挫折，不是失败，而是我们自己，是内心的恐惧，如果你认为你会失败，那你已经失败了，说自己不行的人，爱对自己说丧气话，遇到困难和挫折，他们总是为自己寻找退却的借口，殊不知，这些话正是自己打败自己的最强有力的武器。一个人，只有把潜藏在身上的自信挖掘出来，时刻保持着强烈的自信心，困难才会被我们打败，成功者之所以成功，是因为他们与别人共处逆境时，别人失去了信心，他们却下决心实现自己的目标。

有这样一个故事。

在每个男孩的心中，可能都有一个梦想，那就是能去NBA。但对于很多男孩来说，这只不过是个梦，因此，当年幼的博格斯说出"我长大后要去打NBA"这句话时，他的同伴们无不认为他是在白日做梦。并且，和同龄人相比，博格斯在体形上太瘦小了。一个十几岁的男孩，只有160厘米，这样的身高即使在东方人里也算矮子，更不用说在两米都嫌矮的NBA了。

然而，即使面对同伴们的嘲笑，他也没有放弃自己的梦想，他继续努力，下决心要打NBA。因此，他把大部分时间都花在练球上，当他人已经去玩耍、去享受夏日的凉爽时，他依然在篮球场上挥汗如雨。

其实，博格斯很有自知之明，他明白，以自己的身高，要想进入NBA，必须有过人之处。因此，在打篮球时，他充分发挥自己的优势，因为矮个子在打球时更机动灵活，他像子弹一样；运球的重心低，不会失误；个子小不引人注意，抄球常常得手。

终于，他成功了。在NBA中，博格斯是夏洛特黄蜂队中表现最杰出、失误最少的后卫之一。他身体灵活，技术一流，并且远投也很精准，即使在"高"人如云的比赛中，他也能无所畏惧，满场飞奔。

我们都知道，博格斯不仅是NBA里最矮的球员，也是NBA有史以来创纪录的矮子。但正是他的毅力，把他人眼中的不可能变成了现实。这就是勇气，使他能一次次接受失败，从失败中寻找出自己的优势，重新站起来，迎接新的挑战。

美国著名将领艾森豪威尔将军是这样诠释的："软弱就会一事无成，我们必须拥有强大的实力。"不正面迎向恐惧，面对挑战，你就得一生一世躲着它。

人们恐惧的表现之一通常是躲避，而试图逃避只会使得这种恐惧加倍。任何人只要去做他所恐惧的事，并持续地做下去，直到有成功的记录做后盾，他便能克服恐惧。既然困难不能凭空消失，那就勇敢去克服吧！

你需要记住的是，在困难面前，逃避无济于事，只有正面迎击，困难才会解决。这时候，你会发现，那些所谓的困难与麻烦只不过是恐惧心理在作怪，每个人的勇气都不是天生的，没有谁是一生下来就充满自信的，只有勇于尝试，才能锻炼出勇气。

当你遇到困难时，你也可以克服恐惧。"现实中的恐怖，远比不上想象中的恐怖那么可怕。"当你遇到困难时，理所当然，你会考虑到事情的难度所在，如此，你便会产生恐惧，将原本的困难放大。但实际上，假如你能减少思考困难的时间，并着手解决手上的困难，你会发现，事情远比你想象中简单得多。那些成功人士，都是靠勇敢面对多数人所畏惧的困难，才出人头地的。美国著名拳击教练达马托曾说过："英雄和懦夫同样会感到畏惧，只是对畏惧的反应不同而已。"

做曾经不敢做的事，本身就是克服恐惧的过程。如果你退缩、不敢尝试，那么，下次你还是不敢，你永远都做不成。只要你下定决心、勇于尝试，这就证明你已经进步了。在不远的将来，即使你会遇到很多困难，你的勇气一定会帮你获得成功。

勇敢地尝试新事物，可以发现新的机会，使你迈进从未进入的领域。生命原本是充满机会的，千万别因放弃尝试而错过机会。我们并不是推崇无厘头的冒险，要想获得不一样的人生，就要疯狂一点。

总之，物竞天择，适者生存，当今社会更是一个处处充满竞争的社会，一个有作为的人必定是真敢想敢的人。而你首先要做的就是消除内心的恐惧，毫无畏惧，自然战无不胜！

第10章

在专注中积蓄力量,专注是最美丽的坚守

很多成功者之所以成功,就是因为在专注的过程中,经过了沮丧和危险的磨炼,才造就了天才。的确,即使是一个才华一般的人,只要他在某一特定的时间内,全身心地投入和不屈不挠地从事某一项工作,也会取得巨大的成就。

没有谁能夺走你的梦想

每个人都想拥有灿烂的人生,都想实现自己的人生价值,但你可曾想过,在你的周围,为什么不同的人会有不同的命运?曾经有人说:"人们往往容易把原因归结于命运、运气,其实主要是因为愿望的大小、高度、深度、热度的差别造成的。"可能你会觉得这未免太过绝对了,但事实上,这正体现了心态的重要性,废寝忘食地渴望、思考并不是那么简单的行为。不想平庸,你就要有强烈的成功的愿望,并不知不觉地把它渗透到潜意识里去。

真正改变人生的,往往就是我们的态度。甘于平庸,最终也只能平庸,敢想敢做,敢于追求自己想要的人生,也才能得到你想要的人生。

生活中的一些人总是感叹命运不好,他们总习惯于把自己的艰难归咎于命运,事实上,世上真正的救世主不是别人,而是自己。你完全可以摆脱消极的想法,成为一个积极向上的人,培养自己的热忱,找到自己的目标,我们就能为现在的自己做一个准确的定位。

因此,我们应该明白,最大的危险不在于别人,而在于自身。如果你总是意志消沉、不思进取,那么,即使曾经的你有再大的雄心和勇气,也会被抹杀,你最终也会滞足不前,一生碌碌无为。任何人绝不能甘于平庸,对自己的人生负责,做与众不同的人,你才有可能触及理想与幸福。

现实生活中,也有一些人早已为自己树立了人生目标,并告诉自己,一定要为理想奋斗。随着时间的推移,他们发现,为梦想奋斗是如此需要努力和恒心的事，目标也实在遥远，这样是不可能收获胜利的果实的。现实案例告诉我们，百分之九十的失败者其实不是被打败，而是自己放弃了成功的希望。

事实上，很多人之所以不能迈出人生的关键一步，就是因为他们缺乏志气，志气的缺乏导致动力的不足，这让他们每当感到压力的时候，就会一蹶不振，很难把失败的惩罚当作不断前进的新动力。任何想成功的人，首先要学会的就是培养自己的志气和坚韧不拔的毅力，超越失败，成功才会离你越来越近。

为此，在为梦想奋斗的过程中，我们需要做到如下方面。

1. 进取心态最为根本

许多天才因缺乏勇气而在这世界消失。每天，默默无闻的人被送入坟墓，他们由于胆怯，从未尝试着努力；他们若能接受诱导起步，很有可能功成名就。

对于一个普通人来说，只有树立理想，点燃激情，才能激发出无限的潜能。

2. 唤醒自己的梦想

每个人心中都有一个属于自己的梦想，但紧张的工作、烦琐的生活可能会让你搁浅心中的梦想。但你是否发现，正是因为你失去了梦想，才会显得无力、没有热情。只有有动力，人的潜能就会被最大限度地激发出来。因此，不要犹豫了，为理想奋斗吧，你的人生才会别样的精彩！

3. 审视自己，找出自己的闪光点

我们生活的周围，的确有这样一些人，他们有自己的梦想，为了实现自己的梦想，他们努力学习，甚至不愿浪费一分一秒，但奇怪的是，为什么他们的努力总没有效果呢？原因很简单，因为他们没有找到正确的方向！盲目奋斗，只会艰辛百倍，甚至一无所获。而每个人都有与众不同的地方，可能这些与众不同的地方会因为日常烦琐的事情而被掩盖，那么，从现在起，不妨停下脚步想想，你是不是在某些方面比别人更有天赋呢？如果有，就不要盲目奋斗了，重新审视自己，从自己最擅长的事情做起，你会省力、省心很多！

也许在一些人看来，吃苦受累是失败的表现。诚然，经历苦难是一种痛苦，因为苦难常常使人走投无路、寸步难行，苦难常常会使人失去生活的乐趣甚至生存的希望。但目标远大、有志气的人，却能看到苦难背后的力量，他们甚至觉得吃苦是人生一种重要的体验和千金难买的财富。

让专注力提升的练习方法

伊格诺蒂乌斯·劳拉也有一句名言："一次做好一件事情的人比同时涉猎多个领域的人要好得多。"的确，在很多领域内都付出努力，我们的精力难免会分散，也难以取得进步，最终什么都做不成。

事实上，专注力是自控力的重要方面，需要我们将之运用到日常行为习惯的培养中，做到坚持不懈，才能塑造出优秀的人格、历练出强有力的自制力。

莫泊桑是19世纪法国著名作家。他从小酷爱写作，孜孜不倦地写了许多作品，但这些作品都是平平常常的，没有什么特色。莫泊桑焦急万分，于是，他去拜法国文学大师福楼拜为师。

一天，莫泊桑带着自己写的文章，去请福楼拜指导。他坦白地说："老师，我已经读了很多书，为什么写出来的文章总感到不生动呢？"

"这个问题很简单，是你的功夫还不到家。"福楼拜直截了当地说。

"那怎样才能使功夫到家呢?"莫泊桑急切地问。

"这就要肯吃苦,勤练习。你家门前不是天天都有马车经过吗?你就站在门口,把每天看到的情况,详详细细地记录下来,而且要长期记下去。"

第二天,莫泊桑真的站在家门口,看了一天大街上来来往往的马车,可是一无所获。接着,他又连续看了两天,还是没有发现什么。万般无奈,莫泊桑只得再次来到老师家。他一进门就说:"我按照您的教导,看了几天马车经过,没看出什么特殊的东西,那么单调,没有什么好写的。"

"不,不!怎么能说没什么东西好写呢?那富丽堂皇的马一车跟装饰简陋的马车是一样的走法吗?烈日炎炎下的马车是怎样走的?狂风暴雨中的马车是怎样走的?马车上坡时,马怎样用力?马车下坡时,赶车人怎样吆喝?他的表情是什么样的?这些你都能写得清楚吗?你看,怎么会没有什么好写呢?"福楼拜滔滔不绝地说着,一个接一个的问题,在莫泊桑的脑海中打下了深深的烙印。

从此,莫泊桑天天在大门口,全神贯注地观察过往的马车,从中获得了丰富的写作材料,写了一些作品。于是,他再一次去请福楼拜指导。

福楼拜认真地看了几篇,脸上露出了微笑,说:"这些作品,表明你有了进步。但青年人贵在坚持,才气就是坚持写作的结果。"福楼拜继续说:"对你所要写的东西,光仔细观察还不够,还要能发现别人没有发现和没有写过的特点。如你要描写一堆篝火或一株绿树,就要努力去发现它们和其他的篝火、其他的树木不同的地方。"莫泊桑专心地听着,老师的话给了他很大的启发。福楼拜喝了一口咖啡,又接着说:"你发现了这些特点,就要善于把它们写下来。今后,当你走进一座工厂的时候,就描写这座厂的守门人,用画家的那种手法把守门人的身材、姿态、面貌、衣着及神情、本质都表现出来,让我看了以后,不至于把他同农民、马车夫或他守门人混同起来。"

莫泊桑把老师的话牢牢记在心头,更加勤奋努力。他仔细观察、用心揣摩,积累了许多素材,终于写出了不少有世界影响的名著。

和莫泊桑一样,很多成功者之所以成功,就是因为在专注的过程中,经过了沮丧和危险的磨炼。

那么,具体来说,我们该如何提升自己的专注力呢?

1. 一次只做一件事

如果你决定了做一件事,那么,你就要做到专注,然后,你需要问自己:"在这些要做的事情中间,哪件事最重要?"选出那件最棘手的事,然后保证自己在接下来一段时间内只专注于它。

2. 排除干扰

在你准备做一件事时,请收拾好你的书桌,关闭手机、关闭电脑,避免那些容易使你分心的事,你的学习和工作效率会提高很多。

3. 动机

明确你办事的动机有助于加强你的专注力,并且能让你完成任务。你要知道你为什么要去专注于某事,而且要清楚如果你不专注于此事会有什么样的后果。

此外,你可以想象一下,假如你朝着一个方向前进,你的生活将是什么样子。想象一下你理想中的生活,让它清晰可见并让它时刻浮现在你的脑海中。

4. 深呼吸

当你开始新的一天时,问自己一个问题:"我在呼吸吗?"然后做几次深呼吸。问自己:"我现在感觉放松吗?"如果你的回答是"不太放松",那么先什么也不要做,然后深呼吸。

5. 享受当下

当下是我们所拥有的一切。生活只存在于当下。珍视它，祝福它，感激它，体验它。不论你在做什么，都要充实地生活。

"意外状态"下如何控制自己的专注思维和心理

专注力，是成功的第一要素。无论是个人还是企业，只有把持一种高度的专注力，才能以充沛的精力启动自己的梦想。但如何才能保持专注呢？其实，只要你下定决心，排除一切干扰，就可以做到。请相信专注的力量，因为你的成功将缘于此，失败也缘于此。当然，很多时候，我们在专注于一件事时，常常会出现一些"意外状态"，此时就更需要我们控制自己专注的思维和心理，具体来说，这些"意外状态"包括如下方面。

1. 懒惰

要想知道一个人的成就有多大，不光要看他所获得的荣誉和知名度，而要着重了解他在成功之前究竟流过多少汗、克服多少困难、花费多少心血。准确地说，就是看他到底有多勤奋。要知道，曾经有过失败的人或许是勤奋的，但最终获得成功的人绝不是懒惰的！

不得不承认，很多时候，我们身体里懒惰的虫子会经常侵蚀我们，此时，我们就需要用勤奋来克服。我们可能不曾了解的是：从科学的角度看，勤奋可以反复地刺激人类的脑细胞，而且勤奋还可以提高头脑的灵活性，使人变得更加聪慧灵敏。一些天资较差的人，往往会因为勤奋而让自己变得机敏起来。

比如，在追求学业的过程中，为什么有些人的成绩名列前茅，而有些人的成绩名落孙山呢？答案只有两个字：勤奋。可能很多人对自己还没有全面的认识,甚至有一些人会因为不够优秀、外貌上的一些不足而感到自卑。但是如果你足够勤奋、做足准备的话,那么,你也是优秀的。正如人们常说的,"没有十年寒窗苦,怎有金榜题名乐"。如果你能静下心来,舍得勤奋学习,那么,你的汗水总会收到成效。

爱因斯坦小时候,是大家公认的笨蛋,无论是同学还是老师都认为他笨得无可救药,但爱因斯坦却不认为自己笨,并且,他最终用勤奋证明了这一点。

一次,老师给大家上手工课,其他同学都交给老师自己做的精美作品,而爱因斯坦交给老师的,却是一个做工粗糙的小木凳子,大家一看,都忍不住笑出声来,认为这无疑是世界上最糟糕的东西。就在此时,爱因斯坦却拿出了两个比这个更加糟糕的小凳子,这时,老师和同学们惊呆了,也由此改变了对他的看法。

这次事件证明了爱因斯坦的勤奋,从此,同学和老师都对他产生了新的认识。而长大后的他更是异常勤奋,一天的大部分时间,他都是在实验室度过的。别人学习时,他在学习;别人玩耍时,他还在学习;甚至别人休息时,他依然在不停地学习、钻研。经过多年的努力,爱因斯坦最终以"相对论"闻名于世。

"勤能补拙"用在爱因斯坦身上再合适不过了。爱因斯坦之所以能取得伟大的成就,主要是因为他的勤奋,他能不断探索、敢于创新。

2.诱惑

现实生活是一个处处充满诱惑,时时会有外来干扰的世界,要维持长时间的、集中的注意力,必须具备一定的自我控制能力。所以,从某种意义上说,良好的专注力是稳定而集中的注意力和自制力的结合。

3. 自卑

马克思说:"自暴自弃,这是一条永远腐蚀和啃噬心灵的毒蛇,它吸走心灵的新鲜血液,并在其中注入厌世和绝望的毒汁。"自信心的确具有无可比拟的重要作用,许多人之所以会失败,不是因为失败打败了他们,而是他们自己打败了自己,失败后的自卑心使得他们不敢争取,他们让自己陷入了自卑的情绪之中。正如莎士比亚所说:"假使我们将自己比作泥土,那就真要成为别人践踏的东西了。"如果你认为你会失败,那你已经失败了。

4. 无精力

许多缺乏雄心壮志的人心智活动会比较迟缓。他们虽然稳定、有耐心,而且似乎有很好的自制力,但这并不表示他们有专注力。这种人容易怠惰、不活泼、迟缓、无精打采,因为他们精力不足;他们不会失去控制,因为他们根本没有力量失控。他们没有脾气,所以也不可能受到困扰。他们举止稳定,因为他们缺乏精力。而有专注力的人内心是坚强的,精力充沛、强而有力,能够有效地控制他们的思想与身体动作。

人如果身、心两方面都缺乏精力,就必须善加培养。如果一个人没办法控制精力、保持专一,那么他也必须多加练习。一个人或许非常精明干练,除非他"愿意"去控制他的才能,否则精明干练对他一点好处也没有。

5. 缺乏责任心

国内某企业老总曾回忆道:"在我手下工作的一个工程师很负责任。曾经有一次,他为了拍好项目的全景,徒步走了两公里,爬到一座山顶,将很多景观拍得都很到位,其实在楼上就可以拍到的。当时我问他为什么要这么辛苦,他的回答是:'董事会成员会向我提问,我要把整个项目的情况,尽可能完整地告诉他们才算完成任务,不然就是工作没做到位。'"

尝试着去热爱，就能够更专注

詹姆斯巴里说："快乐的秘密，不在于做你所爱的事，而在于爱你所做的事。"工作在我们的人生中占据了大部分最美好的时光。比尔·盖茨有句名言："每天早上醒来，一想到所从事的工作和所开发的技术将会给人类生活带来巨大的影响与变化，我就会无比兴奋和激动。"

苏格拉底说："不懂得工作真义的人，视工作为苦役。"这句话的含义是，工作是否能为我们带来快乐，取决于我们对工作的看法。因为快乐的秘密，不在于做你所爱的事，而在于爱你所做的事。当我们能做到为自己工作、为明天积累时，你将拥有更大的挥洒空间，更多的实践和锻炼的机会，找到工作的乐趣，能够让你在工作岗位上更主动更积极地处理各项事务，为自己不断开创新的工作机会和发展空间。

我们不妨先来看下面这个故事。

很久以前，在西方，有个人在死后来到一个美妙的地方，这里能享受到一切他不曾享受过的东西，包括妙龄美女和美味佳肴，还有数不尽的用人伺候他，他觉得这里就是天堂，可是在过了几天这样的生活后，他厌倦了，于是，对旁边的侍者说："我对这一切感到很厌烦，我需要做一些事情。你可以给我找一份工作吗？"

他没想到，他得到的回答却是侍者摇头说："很抱歉，我的先生，这是我们这里唯一不能为您做的。这里没有工作可以给您。"

这个人非常沮丧，愤怒地挥动着手说："这真是太糟糕了！那我干脆留在地狱好了！"

"您以为，您在什么地方呢？"那位侍者温和地说。

这则寓言故事告诉我们：失去工作就等于失去快乐。但是令人遗憾的是，有些人却在失业之后，才能体会到这一点，这真不幸！

追求快乐固然没有错，但你要明白，只有踏实工作才是真正快乐的源泉。不可否认，浮躁的现象在很多人中普遍存在，具体表现在他们看不到劳动的真正价值，更做不到安心工作，而是心浮气躁，事情刚做到一半，就觉得前途渺茫、失去兴趣，结果他们一事无成。

小李高考落榜后，在一家汽车修理厂工作。从他工作的第一天开始，他就对自己的工作充满了不满，他开始抱怨："修理这活太脏了，瞧瞧我身上弄的。""真累呀，我简直讨厌死这份工作了！""要不是考试中出了点失误，我现在就是名牌大学的学生了。干修理这活太丢人了！"

每天，小李都在煎熬和痛苦中过日子，但他又害怕失去目前这份工作，于是，只要师傅不在，他就耍滑偷懒，应付手中的工作。

几年过去了，与小李一同进厂的三个工友，凭着自己的手艺，或另谋高就，或被公司送进大学进修，唯独小李，仍旧在抱怨中，做他蔑视的修理工。

可见，无论你正在从事什么样的工作，要想获得成功，都要对自己的工作充满热爱。如果你也像小李那样鄙视、厌恶自己的工作，对它投注"冷淡"的目光，那么，即使你正从事最不平凡的工作，也不会有所成就。

孙女士是一个典型的事业型女人，但同时，她又是个不喜欢喧闹的人。2003年，她就开了一家茶楼，很多朋友问她为什么做这行，她的回答是："我喜欢安静的氛围，听安静的音乐，安静地喝着茶，那么，生活、工作中的所有压力也都不翼而飞了，所以我觉得开这个茶楼能让客人心神安宁吧。"

的确，开业至今，孙女士的茶楼在圈内已小有名气，黑白色调，纯正的法式美味，大厅里有一面偌大书墙，清淡的书香与法式气质融为一体。认识她的人都说,孙女士像极了她店内墙壁上所画的女子:安静、温柔、追求完美。

但她似乎又总是充满能量,总是不知疲劳地工作。

对孙女士来说,最快乐的事情是早上出门之前看着儿子在楼下玩耍,因为她要到深夜才能回家。"我希望客人在第一时间里就能感受到我们准备好的一切——干净的空气、新鲜的花、清澈的玻璃窗、没有味道的卫生间……"孙女士总喜欢亲自招呼客人,"我所做的全部都是站在客人的角度上,把自己当成客人去挑剔。"

无论什么时候,孙女士都是一个工作狂:以前作为公司的部门经理,每天工作时间常常超过8小时,精力旺盛,喜欢挑战;如今自己做老板了,还事必躬亲。"我只要一工作就感觉非常满足,"孙女士说,"我觉得我是属于压力型的,压力越大工作越出色。"

案例中的孙女士为什么能拥有成功的事业?因为热爱!是这份热爱让她充满了能量。其实,你也能做到像孙女士一样成功,即使你现在感觉厌烦工作,仍坚持再做一些努力,忍辱负重、积极向前,这将导致人生的根本转变。

的确,倘若劳动不能给我们带来至高无上的快乐,那么,即使你能通过其他方式获得成就,那么,最终留给我们的不过是不尽如人意的缺憾。而且,专心致志于工作所带来的果实,不仅有成就感,还可以为我们奠定做人的基础,锤炼我们的人格。

专注更要坚持,付出不亚于任何人的努力

古人云:"有志者,事竟成,百二秦关终属楚;苦心人,天不

负，三千越甲可吞吴。"这句话的意思就是，只要我们坚持到底，无论梦想多大，都有实现的可能。我们常常发现有许多人在做事之初都能保持旺盛的斗志，然而，随着遇到挫折的增多，他们变得懈怠，热情也退却了，最终放弃了希望，失去了本属于自己的成功。

某些看起来平凡的、不起眼的工作，只要我们能坚韧不拔地、坚持不懈地去做，那么，这种持续的力量就能帮助我们获得事业的成功。

当然，在坚持的过程中，我们也会遇到压力和困难，但要明白的是，此时我们更应该有超强的意志力，再坚持一下，也许转机就出现在下一秒。正如巴甫洛夫所说的："如果我坚持什么，就是用炮也不能打倒我！"

也许，现在的你可能正在从事一项简单、烦琐的工作，你感受到了前所未有的压力，觉得自己的前途渺茫，但请你记住，这才是人生的精彩之处。反之，如果一个人，他的一生太幸运、太安逸了，就远离了压力的考验，反而变得毫无追求、苍白暗淡。一旦你失去了必要的压力，就会驻足不前，那么你就等于失去了成功的基石，有一天你会发现自己身后只剩一片悬崖。因此，面对现实工作给自己带来的压力，你不要总是想着给自己减压，而应适当给自己加压。因为压力是孕育成功的土壤，只有在沉重的现实面前，压力才能将潜能激发出来。而当你无法摆脱压力时，就应该反复对自己说："感谢生命之中的压力，这是生活对我的挑战和考验。""这是上天催促我努力学习、积极工作、奋发向上的动力。"换个角度看问题，改变态度，困难和压力也会很快减轻。

坚守内心目标，绝不放弃

目标在追求梦想过程中的重要性早已毋庸置疑，个人要想成功，首先就得明确目标，有了目标，才有前进的方向，才不至于在前进途中迷失了方向。明确了目标之后，还需要朝着方向不断地努力，不管追寻路途中有什么样的困难和挫折在等着我们，都需要学会忍耐和坚持，因为忍耐是一种对胜利的执着。生活中，人们听到"逆境""挫折"这样的词儿总是紧皱眉头，郁郁不得志。在他们看来，逆境意味着绝路，或许，自己再也没有翻身的那一天。但往往事实并不是这样，多少成大事者都是从逆境风雨中走过来，从而获得了巨大的成功。

也许，你会问，同样是逆境，怎么会存在这样大的差别呢？这是因为，在逆境风雨中，那些坚持下来的人有明确的目标，他们更懂得在追求目标的过程中忍耐，于是，他们往往会收获一份意想不到的礼物：或是乐观的心态，或是顽强的斗志，或是困难中的机遇。正是忍耐过程中所获得的经验与教训，铸就了他们最后的成功。在追求目标的过程中，我们总会遇到各种各样的挫折与困难，也许我们并不欢迎逆境、磨难的出现，但是，当它们与我们不期而遇的时候，请不要掉转回头。它们就好似一个魔鬼，一旦看上你，就会对你穷追猛打、不舍不弃。而那些躲避甚至逃跑的人，只会被它欺负得更加悲惨。如果你想成大事，就应该明确自己的目标，学会忍耐，这样才能经得起逆境风雨的洗礼。

卡莉·费奥瑞娜从斯坦福大学法学院毕业以后，满腔抱负，认为自己一定能做出成绩、成就一番事业。然而，令她遗憾的是，她的第一份工作竟然是一家地产公司的电话接线员。费奥瑞娜每天的主要工作是打印、复印、端茶倒水和整理文件，对于女儿这样一个从名牌大学出来的毕业生竟然做这样的工作，她的父亲很不满，然而，费奥瑞娜却不这样想，她勤勤恳恳地工作，并且，没有放弃学习。有一天，公司的经纪人向费奥瑞娜问道："你能否帮忙写点文稿？"费奥瑞娜点了点头，凭着这次撰写文稿的机会，展露了自己卓越的才华。在以后的日子里，费奥瑞娜不断向前发展，成了惠普公司的CEO。

卡莉·费奥瑞娜刚开始进入社会的时候，不受重视，只能替人打杂跑腿，接受无端的批评、指责，得不到提携，处于自生自灭的状态。但是，她并没有放弃，而是心有目标，并学会在逆境中继续忍耐，等待机遇的降临。最后，懂得忍耐的她等到了自己的机会，而早已在心中的目标也终于实现了。

任何人在追寻目标的过程中，都将注定经历不同的苦难、荆棘，那些被困难、挫折击倒的人，必须忍受生活的平庸；而那些战胜苦难、挫折的人，能够突出重围、赢得成功。对于生活中的我们来说，需要明确自己的目标，而且朝着目标前进，在追寻目标的过程中，学会忍耐，因为忍耐是对胜利的一种执着。

杨润丹是美国杨氏设计公司的总裁，同时，她也是一位资深生活设计师。早年，她毕业于纽约大学的室内设计专业，后来在美国密歇根大学获得硕士学位。作为设计行业的领军人物，她已经从事设计工作30年，在工作中，她倡导创造高品质的生活，并将不同的潮流设计带入室内外的设计中。与此同时，她所创造的品牌不断发展壮大，得到了越来越多人的支持与认可。

初识杨润丹，发现她是一个优雅恬淡的女子：细柔的言语、恬淡的笑容。但是，随着交谈的深入，很快发现她并不是一个柔弱的女子，她的骨子里有着一份比男人更强的坚韧、执着。在受传统思想影响的社会，一个女人想要做成事真的很难，她们往往比男人付出更多，却收效甚微。杨润丹说："我并不想做一个女强人，也不喜欢别人这样称呼我。在中国，大部分的女性都很优秀，而我只是找到了自己想去坚持和努力的信仰，凭着那份坚韧与执着一步步走下去而已。"

早年，移居美国的杨润丹随着父亲第一次踏上中国，后来，由于工作常常往返于中国与美国之间。随着对中国的熟悉，心有志向的杨润丹决定在中国成立工程公司。刚开始创业的时候，她白天做设计，晚上去工地检查、指导、学习，回忆起那段辛苦的日子，她说："一个女人干事业，我们没有任何背景、任何关系，一开始赔光了很多钱，无数次地想背包回去不再回来了，那会儿我还生病，可是我想这么多人跟着你，就是相信你，所以，我只能成功，不能后退。"

杨润丹，就是一个懂得忍耐的女子，她心中的那份认真与执着，为其成功奠定了扎实的基础。

若是问到成功的秘诀，杨润丹坦言："耐性是杨氏在中国成功的秘诀。"找准了自己的目标，在追寻目标的过程中，杨润丹更学会了忍耐，并将这份忍耐当作胜利的执着。当然，有了这份对胜利的执着，她最终迎来了成功。

参考文献

[1]这么远那么近. 每一个优秀的人都有一段沉默的时光[M]. 苏州：古吴轩出版社，2014.

[2]张恒. 耐得住寂寞，扛得住诱惑[M]. 北京：中国社会出版社，2012.

[3]汤木. 将来的你，一定会感谢现在拼命的自己[M]. 天津：天津人民出版社，2014.

[4]汤木. 你的努力，终将成就无可替代的自己[M]. 南昌：百花洲文艺出版社，2015.

[5]特立独行的猫. 不要让未来的你，讨厌现在的自己[M]. 武汉：武汉出版社，2014.